Gerasim Avsharyan

Zehnfingersystem auf Russisch, Englisch und Deutsch:

Tastenkombinationen und
Russisch-Englisch-Deutsch Computerwörterbuch

Десятипальцевая печать на компьютере: на русском, английском и немецком языках

Горячие клавиши

Русско-англо-немецкий компьютерный словарь

UNIVERS-VERLAG

ISBN: 978-3-944934-01-3

Das Buch soll dem Leser helfen, mit Zehnfingern (in drei Sprachen – Russisch, Deutsch und Englisch) schnell tippen zu lernen, verschiedene Tastenkombinationen anzuwenden, dass man keine Maus einsetzen muss. Das Buch vermittelt zahlreiche Tricks, wie man am Computer produktiver arbeiten, Zeit sparen und somit seine Chancen auf dem Arbeitsmarkt erhöhen kann.
Das Buch wird vor allem im deutschsprachigen Raum lebenden Russischmuttersprachlern helfen, kann jedoch von allen die anderen zwei oben genannten Sprachen sprechenden Menschen zur Verbesserung ihrer Kompetenzen im Zehnfingersystem eingesetzt werden.

Книга поможет быстро овладеть десятипальцевой скоростной печатью на компьютере (на трех языках: русском, английском и немецком) и применять множество комбинаций клавиш, заменяющих работу с мышью. Словом - продуктивнее (быстрее, легче и результативнее) работать на компьютере, что, в свою очередь, повысит вероятность устройства на работу и успеха вообще (особенно в развитых немецкоязычных странах, где такое владение компьютером стало стандартом и считается условием повышения производительности труда).

Будет полезна прежде всего русскоязычным, оказавшимся в немецкоязычной среде или собирающимся попасть в нее; также - тем, кто желает овладеть десятипальцевой печатью на одном из названных языков (или на всех трех); и тем кто изучает один из этих языков (ru, en, de).

Imprint

Inh.: Dr. E. Plaksina

Schöneiche bei Berlin, 2014

UNIVERS-VERLAG

Für meine Tochter Loriana
I dedicate this to my daughter Loriana
Моей дочке Лориане

Содержание

Часть первая: Скоростная печать или Десятипальцевое пользование клавишами – по-русски

Рад приветствовать Вас, дорогие друзья, на страницах моей книги!

Предлагаю такой порядок: сначала учимся печатать на русском (так как мы в нем - как рыба в воде), и потом от него можно "отталкиваться" (как от базы, от фундамента), после чего полученные навыки можно будет просто "спроецировать" на английский и немецкий языки. Этот хитрый и коварный план обязательно сработает, в результате чего мы станем богатыми владельцами трехязыковой десятипальцевой печати. Это очень даже интересно, приятно и полезно. Лично я печатаю вслепую на четырех языках: армянском, русском, английском и немецком, так что мог бы купить и Дас Киборт (*DasKeyboard*, клавиатура без надписей на клавишах), если бы не пользовался ноутбуком.

Думаю, излишне говорить о том, что владение слепой печатью (да и компьютером вообще) на трех языках (о чем работодатель узнает, прочитав резюме) может сделать нас еще более востребованными на рынке труда. Дело в том, что десятипальцевая печать увеличивает производительность труда (а в этом ох как заинтересованы начальники).

Еще одна польза в том, что мы сможем улучшить наши познания в немецком и английском (а немецко- и англоговорящие – в русском), или, говоря иначе, активное владение языком (так как сможем набирать немецкие (а также английские) тексты (переписывать, переводить, сочинять, печатая намного быстрее). *Активное* владение языком (устное и письменное изложение своих мыслей на данном языке) гораздо важнее *пассивного* (понимание услышанного и прочитанного).

Моторные и тактильные ощущения

Десятипальцевая скоростная печать внесет хороший вклад в повышение продуктивности работы на ПК. Ведь в дело вступают все пальцы. Возрастают скорость и удобство пользования компьютером.

Итак, различают *зрячий (или двухпальцевый)* и *слепой (десятипальцевый)* методы набора текста. Первый плох помимо прочего еще и тем, что он требует наличия букв на клавишах. В моем случае, например, это нереально (ведь я печатаю на четырех языках). Здесь два выхода. Нет, три: 1) купить еще одну клавиатуру с буквами на нужном языке; 2) самому приклеить эти буквы; 3) овладеть слепой печатью (на нужном языке), при которой смотреть на клавиши вообще не нужно.

А еще говорят про так называемую *мышечную память*. Бывает так, что какое-то движение делается механически, независимо от сознания. От этого, наверное, и родилась поговорка "сам забыл, а руки-то помнят". Так вот, эта самая мышечная память - также участвует в слепой печати.

А печатать только двумя пальцами, в то время как их у нас гораздо больше – это не совсем полезно. Я даже не побоюсь сказать – совсем не полезно. Сам когда-то печатал двумя пальцами, и не забыл, как повреждались подушечки несчастных указательных, взявших на себя все тяготы набора (в то время как остальные пальчики жили припеваючи). Да, тяжелые были времена. Но я отменил этот беспредел, и все пальцы у меня теперь работают. Я дал работу даже большим пальцам (чем и приблизился (по-своему) к так называемому "динамическому набору"), хотя они, по традиции слепой печати, почти ничего не делают кроме того что по очереди нажимают на пробел.

Но в этой книге я все же буду придерживаться наиболее распространенных традиций (то есть печати по строго отведенным для пальцев границам), а импровизировать потом может каждый, как ему удобнее.

Я упомянул "динамический набор". При динамической печати пальцы более свободны и нагрузка на них распределена сравнительно равномерно, в то время как при печати по строгим границам - большая часть нагрузки приходится на указательные пальцы и мизинцы.

Да, чуть не забыл: во многих странах десятипальцевой печати учат со школьной скамьи.

Ну а Ваш покорный слуга – автор двух методов скоростной печати («метод горизонталей» и «метод вертикалей»).

Мы будем пользоваться раскладкой ЙЦУКЕН (она же - английская (латинская) QWERTY и немецкая QWERTZ).

Кстати, печать с исходной позиции ФЫВА и ОЛДЖ - не единственный способ; есть также ЫВАМ и ЬЛДЖ, а также ЫВАМ и ЬЛДЖ, но они не так распространены как ФЫВА и ОЛДЖ.

И еще пару слов. Я только что установил "русскую машинопись" (правый клик в области языковой панели; Параметры; Добавить; Русский; и потом ставим галочку рядом с "раскладка клавиатуры или метод ввода (IME), а в поле ввода у меня уже было "русская машинопись", так как русский язык был уже установлен (если ее нет, то открываем выпадающий список и выбираем машинопись), которая после галочки перестала быть бледной.

Ладно, про машинопись расскажу позже, в одной из глав о печати на русском языке. Здесь же добавлю только, что раскладка ЙЦУКЕН не считается самой совершенной, но все-таки является самой популярной, самой используемой. Есть еще *раскладка Дворака*, придуманная этим самым Двораком (профессором, между прочим) для замены раскладки QWERTY. Несмотря на это, QWERTY остается пока что непобедимым лидером популярности!

Итак, слепой десятипальцевый набор связан с моторно-тактильными навыками, а также с памятью (запоминанием расположения клавиш). Моторно-тактильные навыки нужны, чтобы находить (без помощи зрения) и занимать исходное положение, и с этой позиции делать точные движения пальцами для достижения нужной клавиши (то есть ощущать (тактильно) бугорочки на клавишах «а» и «о» и «5» из группы цифр, а также чувствовать (моторно) направление и длину пути движения пальцев). А теперь – подробнее обо все этом.

Группа цифр

Так, если не ошибаюсь, обещал рассказать о русской машинописи. Что ж, начнем сначала с цифр.

Давайте условно подразделим клавиши на группы (секции). И тогда одной из групп по праву может стать групп цифр (ее еще называют цифровым блоком). В группах – воображаемые линии (я их называю также «горизонталями»), на которых расположены ряды клавиш.

Для печати вслепую важно:

1) моторно-тактильно (то есть с помощью движения и ощупывания) находить и занимать исходную позицию ("фыва" и "олдж" в группе букв и "5" в цифровом блоке);

2) знать где какая клавиша находится;

3) уметь достигать нужной клавиши с исходной позиции (а также в дальнейшем – с неисходных позиций).

Итак, цифровая клавиатура (англ.: *Numerickeypad*, нем.: *Ziffernblock*).

Группа цифр довольно маленькая, поэтому с нее и начнем наше компьютерное повествование. Конечно, есть группы и поменьше, но на них особо останавливаться не стоит, потому что с ними все ясно: они настолько маленькие (ну, скажем, группа стрелок), что и учить-то нечему, так что можно ограничиваться парой предложений о том, как с ними работать *моторно*. Но группа цифр не настолько примитивна, чтобы не рассказать о ней в отдельной главе.

Во время печати руки опираются на лучезапястные суставы (в противном случае устанем раньше, особенно если печатаем много и долго). То же – при работе с цифровым блоком (с той лишь разницей, что работает только одна рука).

Ориентир в группе цифр - клавиша «5». На ней есть бугорок, такой же, как на клавишах «А» и «О» из группы букв. Или не совсем такой. Я встречал клавиатуры, на которых бугорок на клавише «5» поменьше, похожий на точку, в то время на клавишах «А» и «О» они вытянутые и напоминают скорее двух-трехмиллиметровые горизонтальные отрезки-выступы.

Ну, так вот, клавиша «5» - ориентировочная. Кстати, и на многих телефонах то же самое: бугорочек на клавише «5». Это значит, что какой-то палец должен коснуться ее, «опуститься» на эту клавишу как на свою исходную позицию. Думаю, что лучше это сделать среднему пальцу (чтобы слева был указательный, справа - безымянный и мизинец). С группой цифр работает одна только правая рука, точнее – кисть руки. Итак, средний палец – над клавишей «5». Это значит, что исходной позицией является линия, на которой находятся клавиши «456». Вот на эту тройку клавиш и следует «опустить» три наших пальца: указательный (4), средний (5) и безымянный (6). А это в свою очередь значит, что для набора каждой из этих трех цифр надо опустить (нажать) соответствующий палец. Давайте попробуем, чтобы я не оказался голословным.

Набираем число 654 в *режиме постукивания* (об этом режиме мы еще потолкуем). То есть, набираем так, как если бы музыкально постукивали по столу. Мы так иногда делаем, когда ждем, или если нервничаем, или же наоборот, когда нам очень весело. Правда, в это постукивание зачастую включается и мизинец, но в нашем случае мы оставим его в покое и будем «стучать» (в такт) справа налево безымянным, средним и указательным пальцами.

Начали.

654654654654654654654654654654654

При этом должен издаваться такой звук, как будто скачут кони. И пусть они скачут все быстрее и быстрее. Ведь нам очень нужна именно скорость (разумеется, при этом качество печати (набора) не должно пострадать).

А теперь будем стучать по группе цифр в обратном порядке, слева направо.

Поскакали (не спорю, что стучать в обратном порядке сложнее).

456456456456456456456456456456456456

Идем дальше. Набираем 789. Для этого направляем кисть вперед на одну клавишу (то есть на расстояние, равное одной клавише). Кисть (точнее, подушечки трех пальцев) окажется на горизонтали 789. Набираем постукиванием 987 (как можно быстрее).

987987987987987987987987987987987987

Скачем обратно.

789789789789789789789789789789789789

Возвращаем кисть на исходную позицию 456. Делаем это, разумеется, без помощи зрения. Иначе печать надо назвать не слепой, а зрячей. А поскольку имеем дело со слепой печатью, то не должны смотреть на клавиши. Мы должны работать *тактильно* (на ощупь по бугоркам узнавать клавиши и с их помощью занимать исходную позицию) и *моторно* (научиться чувствовать направление и протяженность движений пальцев). Протяженность движений я измеряю клавишами. То есть, я говорю: пойти вперед на две клавиши. Это означает, что палец движется вперед на расстояние, равное по величине двум клавишам. Итак, расстояние на клавиатуре я измеряю не сантиметрами и не километрами, а *клавишами*.

Теперь перемещаем кисть вниз, к нижней линии, к нижней тройке цифр 123. И опять поскакали.

321321321321321321321231321321321321

Обратно.

123123123123123123123123123123123123

Ну все, хватить скакать. Возвращаемся на исходную позицию (456). Набираем теперь цифру 7. Для этого, направляем вперед *указательный*(остальные, особенно средний, остаются на своих местах), так как тройка 789 является как бы верхним этажом для исходной позиции, тройки 456; а поскольку указательный находится над клавишей 4, то ему нужно направиться вперед, чтобы достигнуть цифры 7. Соответственно, средний движется вперед (при этом указательный и безымянный остаются на своих местах), чтобы набрать 8, а безымянный - движением вперед на одну клавишу набирает 9.

Набираем 7 (после каждой семерки обязательно возвращайтесь на исходную позицию, иначе набор стольких семерок окажется напрасным и потеряет тренировочный смысл).

777777777777777777777777777777777777

Теперь набираем 8.

888888888888888888888888888888888888

И наконец, 9.

999999999999999999999999999999999999

Кстати, в группу цифр встроены и некоторые другие, отличные от набора цифр, функции клавиш. Они могут включаться и выключаться с помощью клавиши NamLock (она на верхней левой вершине группы цифр; включает и выключает группу цифр, о чем свидетельствует первый индикатор над группой), а также с помощью клавиши Shift (держим в нажатом состоянии и, если цифровой индикатор горит (светится), то группа цифр дает нам стрелки и PgUp, PgDn, Home, End, Del) .

Итак, в группе цифр есть стрелки, а также клавиши PgUp, PgDn, Home, End, Del. Такие же клавиши находятся в группе между группой букв и цифровым блоком. Это сделано для того, чтобы не переключаться каждый раз с группы цифр на другую группу для использования *стрелок* и клавиш PgUp, PgDn, Home, End, Del. Если мы имеем дело в основном с группой цифр, то лучше пользоваться стрелками и клавишами PgUp, PgDn, Home, End, Del именно из группы цифр. Это к тому же прибавит нам скорости в работе. Ведь постоянные переключения с одной группы на другую отнимаю время. Кстати, переключения с клавиатуры на мышь и с мыши на клавиатуру - тоже.

Драгоценное время отнимают также зрительные переключения с экрана на клавиатуру и обратно. Таким образом, в слепой печати мы избавляемся от ряда ненужных переключений, отнимающий время и силы. Да-да, не только время, но и лишние силы. Сегодня я заметил в компьютерном клубе девушку, она набирала текст двумя пальцами и во время печати смотрела на клавиши. Она переписывала текст с бумаги. Смотрела то на экран, то на бумагу, то на клавиши. Представляете, что будет со скоростью, если смотреть то на одно, то на другое, то на третье? Скорость сильно пострадает. Да и силы быстрее исчерпаются. Я уже не говорю (хотя уже говорю) о том, что двухпальцевый набор вреден для подушечек пальцев, потому что мы как бы бьем пальцами по клавишам. И через полчаса или час такого «битья» пальцы (в основном указательные) начинают болеть.

Продолжаем тренировки.

Набираем 0 большим пальцем. Боком большого пальца.

00000000000000000000000000000000

Набираем 1 указательным пальцем, которому для этого надо лишь сместиться (согнувшись) со своей изсходной поцизии 4 - к соседней "снизу" клавише 1; или же можно чуть согуть ладонь, чтобы пальцы сместились на ряд ниже (но желаельно - так чтобы печать не приводила в движение локоть и плечо, особенно если подолгу работаем с цифровым блоком), то есть с ряда 456 на нижний ряд 123, после чего - набрать 1 и вернуть кисть в исходную позицию. Можно попробовать оба варината и потом пристраститься к понравившемуся.

11111111111111111111111111111111

Так же - средний палецнабирает 2.

22222222222222222222222222222222

А тройку печатаем безымянным, чуть сгибая его так, чтобы он оказался над данной клавишей. И еще вариант: оститься всеми пальцами (чуть согнув пальцы и не отрывая лучезапятный сустав от опоры, то есть от стола) на нижний ряд цифр, набрать тройку и вернуться обратно. Но в этом случае надо научиться также – каждый раз возвращаться точно к ориентиру (средний палец – к клавише 5), что, в общем-то, не так уж и сложно для такой маленькой группы как цифровой блок.

33333333333333333333333333333333

Клавиши NumLock достигает указательный палец. Соседних с ней клавиши с *наклонной линией* (знак деления) и *звездочкой* (умножение) достигают, соответственно, средний и безымянный пальцы.

Знаками «+» и «-» орудует мизинец, он также жмет на Enter в цифровой группе. Ну а клавиша Del – для безымянного пальца (традиционно; но можно делать исключения (например, в пользу мизинца)).

А теперь наберем разные цифры и числа.

7 98 345 12 984 5647 234 098 2346 987

123 98747 67 346 98 00 32 111 56 456

257 685948 1000 100 000 6758 888 90

367 22 111 6893 34 096 2 567 55 555 8

16 999000 9 3 6 7 23578 87743 445 234...

На клавишах 4, 8, 6, 2 находятся стрелки влево, вверх, вправо и вниз. Если цифровой индикатор не светится (группа цифр выключена), то работает все, кроме цифр. То есть, работают стрелки, а также PgUp, PgDn, Home, End, Del. Если же нажать на NumLock и тем самым включить группу цифр, то работают цифры, а стрелки вместе с PgUp, PgDn, Home, End, Del отключаются (Del при этом набирает запятую (если включены русский или немецкий языки), а если английский, то - точку).

Итак, в группе цифр весь правый вертикальный ряд по некоторым разведданным принадлежит мизинцу, а соседний с ним - безымянному. Самая левая нижняя клавиша – для большого пальца (большая клавиша "0"), а над ней – два вертикальных ряда, левый для указательного пальца, а правый – для среднего.

Но цифровые клавиатуры бывают разные, так что могут быть небольшие различия с приведенным здесь описанием. Например, самый нижний ряд может содержать не три клавиши ("0" (большая клавиша), ".", "Enter"), а четыре ("0" (маленькая клавиша), "Backspace", ".", "Enter"). В таком случае на Backspace можно нажать средним пальцем, а можно и большим.

А вот что получается при сотрудничестве одной из клавиш Alt с цифрами из цифрового блока:

Alt + 0 – ничего не получается

Alt + 1 ☺

Alt + 2 ☻

Alt + 3 ♥

Alt + 4 ♦

Alt + 5 ♣

Alt + 6 ♠

Alt + 7 •

Alt + 8 ◘

Alt + 9 ○

Alt + 10 ◙

Alt + 11 ♂

Alt + 12 ♀

Alt + 13 ♪

Alt + 14 ♫

Alt + 15 ☼

Alt + 20 ¶

Alt + 21 §

Alt + 156 £

Alt + 1 2 3 {

Alt + 1 2 3 4 Ä

И так далее (Alt + разные числа - дает разные знаки). Много символов мы найдем в специальной таблице символов (в служебных программах).

Постойте, а ведь я так и не рассказал о русской машинописи. Оно впрочем и верно: лучше сделать это в следующих, более подходящих главах.

Горячая линия

Теперь перейдем к группе букв. Я подразделил ее на три линии, которые назвал соответственно горячей, верхней и нижней. Начнем с горячей (CapsLock, фывапролджэ, Enter). Ее обычно называют *домашнимрядом* (а также - *опорным*).

Да, сразу скажу, что в некоторых источниках пальцам приписывают прежде всего буквенные клавиши, а также те, что непосредственно связаны с печатаньем текстов; но я добавлю к этому еще и такие клавиши как Tab, CapsLock, Alt, Ctlr и т.п. Потому что если печатаем вслепую, то ведь желательно научиться пользоваться вслепую всеми имеющимися клавишами.

Итак, вот что творят пальцы на горячей линии (буквы строчные, а с нажатой Shift – заглавные, то есть прописные):

Левые:
Указательный: "а", "п"
Средний: "в"
Безымянный: "ы"
Мизинец: "ф" и Caps Lock

Правые:
Указательный: "р", "о"
Средний: "л"
Безымянный: "д"
Мизинец: "ж", "э" и Enter (или скажем так: "ж", "э" и все что справа от "э" на горячей линии. Пишу так потому, что клавиатуры бывают разные)

Прежде всего нащупайте, пожалуйста, бугорочки (выступы) на клавишах «а» и «о» (они соответствуют английским «f» и «j». Нащупали? Их должны коснуться подушечки указательных пальцев.

Надо научиться находить эти бугорочки без помощи зрения. Делая это много раз, мы разовьем навык моторно-тактильного нахождения клавиш с бугорочками. А это очень важно, так как с этого начинается *слепая печать* (неофициальное название скоростной десятипальцевой печати).

Моторно находить – значит находить с помощью расчета в движениях (разумеется, без помощи зрения, как я уже говорил, иначе это было бы не моторное, а зрительное нахождение). Ну а тактильно находить – с помощью прикосновений, ощупывания, узнавания характера поверхности и т.п. В нашем случае моторная и тактильная задачи довольно простые – найти всего лишь две клавиши с бугорочками (ну и еще дну - в группе цифр).

Итак, после того, как мы нашли (без помощи глаз) бугорочки, опускаем на них наши указательные пальчики (левый на «а», правый на «о»). Но куда же девать остальные пальцы? А вот куда. Клавиша «а» является четвертой (среди клавиш с буквами) на данной линии, а все четыре клавиши вместе составляют «слово» ФЫВА. А над ними как раз парят наши пальцы, среди которых пока что только указательный нашел себе пристанище (над клавишей «а»). Так что остальные (средний, безымянный и мизинец) опускаем соответственно на клавиши «в», «ы» и «ф». Таким образом четыре пальца левой руки находятся над ФЫВА. Точно по такому же сценарию четыре пальца правой руки (кроме большого) опускаются над ОЛДЖ. Так что ФЫВА и ОЛДЖ – это исходные позиции для четырех пальцев (кроме больших) каждой руки. Это очень важно, так как именно с этой позиции (ее еще называют опорным рядом) мы будем печатать.

Итак, поскольку наши пальцы теперь над ФЫВА (левые пальцы, кроме большого) и ОЛДЖ (правые, - кроме большого), то мы, соответственно, можем печатать уже восемь букв (ф, ы, в, а, о, л, д, ж). Для этого надо лишь нажать соответствующий палец, не отрываясь от исходной позиции. Опустили левый мизинец – наберется «ф», опустили левый безымянный (то есть надавили им на свою же исходную позицию) – на экране высветится «ы», левый средний напечатает «в», левый указательный – «а»; далее, правый указательный - «о», правый средний – «л», правый безымянный – «д», правый мизинец – «ж». Сейчас я приведу список слов, ограничиваюсь ФЫВА и ОЛДЖ. Наберите все слова, а также каждое слово много раз, чтобы развивать навык скоростной печати.

Набор всего того что ограничивается ФЫВА и ОЛЖД, считается печатью с самым простым движением пальцев. Потому что "идти" никуда не надо, пальцы лишь жмут на то что под ними.

Вал, провал, да, од, оды, лафа, до, ода, Ада, лада, Алла, Лала, Ало, Лож, ООО, ОАО, долов, волов, выл, выла, Вы, вы, оды, долы, од, олово, дол, лов, вол, лов, вода, овода, довод, довода, доводы, олово, волы, ловы, дав, давал, лава, дал, дала, вал, овал, лыж, фала, жало, ложа, ало, Лола, вдова, вдов, вала, лов, лова, овал, овалы, овала, лавы, дол, жало, дважды два, довод, жаловал…

Если Вы все это набрали (не отходя от кассы, то есть не удаляя пальцы от своих исходных позиций), то некоторый навык десятипальцевого набора уже сформировался.

На этой линии (которую я называю «горячей») остались еще три буквы: «п», «о», и «э». Первые две (п, р) находятся в очень удобном для набора месте – между ФЫВА и ОЛДЖ. Так что для набора «п» надо всего лишь наведаться (левому указательному пальцу) к соседу справа. А правый указательный, если пойдет в гости к соседу слева, то окажется над клавишей «р». Таким образом, для набора останется лишь надавить левым и правым указательными пальцами на эти клавиши. Давайте попробуем. Левый указательный направляем вправо и жмем на первую встречную клавишу, затем возвращаемся на исходную позицию (то есть на «а») и потом снова повторяем то же самое, и так – много раз.

пп

А теперь с пробелом. Наши большие пальцы как раз пребывают над клавишей пробела (она у нас самая длинная). Вот и нажимаем на нее после каждого набора «п». Можно большим пальцем любой руки, но желательно той, руки, которая в данный момент свободна от набора.

П п

Почувствовали такт? Да, звуки, издаваемые от этого набора чем-то похожи на ритмичную барабанную музыку. Этот такт помогает ускорить набор. Есть, впрочем, и "тихие клавиши", чтобы печатая не мешать другим, но все равно можно почувствовать моторно-такильный такт.

Теперь сделаем то же самое с правым указательным, набирая пробел теперь уже левым большим, в такт (хотя в данном случае удобнее и быстрее набирать пробел правым большим пальцем).

Р р

И вот еще: левый указательный печатает «п», затем правый указательный - «р», после чего одним из больших пальцев "набираем" пробел и все повторяем много раз (не забываем каждый раз возвращаться на исходную позицию).

Опять же почувствуйте музыкальный такт, возникающий от звуков при наборе (а при совсем уж тихой клавиатуре – такт движений пальцев), и постарайтесь за счет этого самого такта увеличить скорость (скорость этой музыки). С пробелом сориентируйтесь самостоятельно, каким из больших пальцев удобнее нажимать на него при наборе «пр» и «рп» (а можно и чередовать).

Пр пр пр пр пр пр пр пр пр пр пр пр пр пр

И наоборот: сначала «р», потом «п» и пробел.

Рп рп рп рп рп рп рп рп рп рп рп рп рп рп рп

Ну а теперь и то и другое:

Пр пр пр пр пр пр пр пр пр пр пр пр пр

Рп рп рп рп рп рп рп рп рп рп рп рп рп

Усложним еще немного:

Пр рп пр рп пр рп пр рп пр рп пр рп пр рп

Девизом для десятипальцевого скоростного набора по праву могут стать слова из песни: «Эх раз, еще раз, еще много-много раз». Надо печатать много-много раз, чтобы вырабатывать скоростной навык.

Ну вот, почти все буквы горячей линии пройдены. Осталась еще одна буква: «э». Она тоже на очень даже удобном для печати месте: сбоку от правого мизинца, а это значит, что для набора «э» правому мизинцу на все лишь пойти в гости к соседу справа и наехать на этого соседа (хотя наезжать на соседей не хорошо, но сделаем исключение). Итак, первый мизинец, оторвавшись от своей исходной позиции «о», мчится на всех парусах вправо на одну клавишу (то есть на расстояние одной клавиши) и попадает к своей любимой «Э», затем бросается в ее объятья, тем самым печатая ее драгоценное имя «Э». Затем возвращается и повторяет эту процедуру много-много раз, как в той песне. Набираем с пробелом.

Э э

Ну вот, вся буквенная часть горячей линии пройдена (фывапролджэ). Кстати, можете запомнить «слово» «Фывапролджэ». Это полезно. Впрочем, нужно будет еще и отдельно запомнить ФЫВА (как исходную позиции для четыре левых пальцев, кроме большого) и ОЛДЖ (для правых).

На горячей линии остались две "небуквенные" клавиши: CapsLock и Enter. Enter находится как раз за клавишей «э» (справа от нее), так что правому мизинцу для достижения Enter надо направиться вправо уже не на одну, а на две клавиши (на расстояние, равное двум клавишам). Ну а для достижения клавиши CapsLock (которая делает все буквы заглавными, а при повторном нажатии – снова строчными) надо направить левый мизинец влево на одну клавишу.

Чтобы запомнить CapsLock, представьте Капсулу Локальную. Да, местную (то есть локальную) капсулу слева от горячей линии. Ну а местоположение Enter можно запомнить благодаря совпадению (в звучании) первых букв в названиях клавиши «Э» и клавиши Enter (обе начинаются со звука «Э» и это довольно логично – расположить созвучные клавиши друг за другом).

Что ж, займемся набором, ограничиваясь пройденными буквами.

Рол, лапа, пара, фара, фары, эра, эры, Элла, дорожа, жара, рыж, про, доллар, порол, рыл, рыло, рада, дара, правда, провод, водопровод, полы, пол, Эфа, Эдд, фа, дважды два, повод, порода, породы, поводы, форд, дроф, дров, эрл, Эл, пожаловал, повал, провал, прорвало водород, прорвала, водороды, водорода, парады, парада, парад…

Теперь поупражняемся в использовании CapsLock и Enter. Набираем очередную букву горячей линии, затем нажимаем на CapsLock, чтобы набрать следующую букву, затем снова жмем на CapsLock и набираем следующую и т.д. Таким образом у нас будут чередоваться большие (заглавные) и маленькие (строчные) буквы. Первая буква сама станет заглавной (так как обычно включена данная команда – делать заглавными начальные буквы).

Ф Ы в А п Р о Л д Ж э

А теперь поупражняемся в использовании Enter. Жмем на Enter после каждой буквы.

Ф

Ы

Ы

В

А

П

Р

О

Л

Д

Ж

Все буквы стали большими без клавиши CapsLock, так как включена, как я уже говорил, соответствующая функция, делающая первые буквы предложений заглавными (именно так в данном случае воспринял компьютер печать отдельных букв).

Ну вот, с горячей линией покончено (но не забывайте много-много печатать, ибо только так развивается скоростной навык).

Верхняя линия

Перейдем теперь на верхнюю линию (Tabйцукенгшщзхъ\ (линия с нажатой клавишей Shift: Tab ЙЦУКЕНГШЩЗХЪ/).

Левые:

Указательный: "к", "е"

Средний: "у"

Безымянный: "ц"

Мизинец: "й" и Tab (или "й" и все что слева от на этой линии)

Правые:

Указательный: "н", "г"

Средний: "ш"

Безымянный: "щ"

Мизинец: "з", "х", "ъ" и дальше направо до конца линии (на моей клавиатуре, к примеру, наклонная линия "\" и больше ничего, а с нажатой Shift получаем "/", то есть линию, наклоненную в другую сторону. Кстати, если напечатать их друг за другом, то получится вот что: \/, а если наоборот, то вот что: /\)

Итак, начинается верхняя линия с легендарной клавиши Tab. Вот и представим, что в начале *верхней полки* – Таблица. А в конце верхней полки (верхней линии) – книги, наклоненные в полке в разные стороны: /\ //\\ ///\\\ ////\\\\ (набор наклонной линии с Shift и без). Представим, что над ФЫВА есть второй этаж (вторая, верхняя полка). И действительно, если ФЫВА – это первый этаж, то вторым - над ним будет ЙЦУК. Что это значит?

Это значит, что для набора соответствующей буквы из ЙЦУК надо всего лишь *протянуть вперед* соответствующий палец от исходной позиции ФЫВА. А так как ЙЦУК – второй этаж для ФЫВА, то «й» находится над (или перед) «ф», «ц» - над «ы», «у» - над «в», «к» - над «а». Значит, для набора «й» надо вытянуть вперед левый мизинец и надавить на первую попавшуюся клавишу. Точно также надо направить вперед левый безымянный, чтобы набрать «ц»; левый средний, чтобы набрать «у» и левый указательный, чтобы набрать «к». Давайте попробуем, печатая друг за другом буквы из «слова» ЙЦУК. Не забываем о пробелс.

Й ц у к й ц у к й ц у к й ц у к й ц у к й ц у к

Та же история со «словом» ГШЩЗ. Хотя никакие это не слова, но представьте, что это слова («йцук» и «гшщз») и запомните их. Йцук можно сравнить с яйцом, чтобы легче запомнить. Также можно представить, что яйцо находится на втором этаже слева, то есть над ФЫВА. Ну а найти сходное слово для ГШЩЗ уже посложнее. Я до сих пор не нашел. Звучит даже сложно. Но думаю, что запонить всего четыре буквы – не проблема. Можно применить такой мнемоприем: это слово содержит в себегрозно (г)шипящие буквы («ш» и «щ»), а в конце становится звонким («з»).

Итак, поскольку ГШЩЗ – второй этаж над ОЛДЖ, то для набора «г» надо направить вперед (на одну клавишу) правый указательный. Соответственно, для набора «ш» надо двинуться вперед правому среднему (от своей исходной позиции «л», так как «ш» находится над «л»). Для набора «щ» - правому безымянному, и для набора «з» - правому мизинцу. Пробуем (не забываемкаждый раз возвращать пальцы на исходную позицию).

Г ш щ з г ш щ з г ш щ з г ш щ з г ш щ з г ш щ з

Да, но есть буквы и между ЙЦУК и ГШЩЗ, как они есть между ФЫВА и ОЛДЖ. Итак, если между ФЫВА и ОЛДЖ у нас - «п» и «р», то между ЙЦУК и ГШЩЗ – «е» и «н». Но как же нам их набрать? А вот как: движением соответствующего указательного пальца по диагонали. Такого движения у нас еще не было, поэтому надо научиться. Научиться моторно чувствовать диагональное движение (моторно, то есть без помощи глаз). Представьте, что Ваш левый указательный находится на нижней левой вершине квадрата и Вам надо (без помощи зрения) направить его по диагонали квадрата к правой верхней вершине. Задача довольно простая, не правда ли? Точно также мы поступаем в нашем случае, направляя левый мизинец по диагонали вверх (вверх-право и вверх-влево) на одну клавишу (или по диагонали квадрата со стороной в две клавиши). Первой встречной клавишей на этой диагонали как раз будет клавиша с буквой «е». Давайте попробуем (после каждого набора возвращая палец на место; если он не захочет возвращатсья, то просто скомандуйте ему: «На место!»).

Еее

Теперь с пробелом (ходят слухи, что пробел удобнее нажимать той рукой, которая в данный момент не печатает; и это вроде бы верно, но исключения все же бывают).

Е е

Точно также, но другим пальцем и в другом направлении, набирается «н». Для этого движемся вверх-влево(то есть по диагоали) правым указательным, достигая клавиши «н». Печатаем с пробелом.

Н н

Ну а тепреь чередуем «ен» и «не».

Ен не ен не ен не ен не ен не ен не ен не ен

Но у нас еще остались буквы на верхней линии. «х» и «ъ» (идущие после «з»). А также после «ъ» на некоторых клавиатурах – клавиша, набирающая наклонные линии «\» и «/» (если держать нажатой Shift). Вообще, верхняя линия длиннее горячей.

Итак, для набора «х» надо направить правый мизинец по диагонали вправо-вверх на одну клавишу. Направлять по диагонали мы уже научились. Только теперь надо это сделать не указательным, а мизинцем. Итак, пробуем.

Х х

Если же направить правый мизинец по диагонали, но под чуть меньшим углом, то первой попавшейся на пути клавишей окажется «ъ». Набираем.

Ъ ъ

Ну а если направить мизинец по диагонали под еще меньшим углом, то дойдем до клавиши с наклонными линиями. Пробуем.

\ \

Теперь – все сразу. Но после каждого набора возвращаем мизинец на место, иначе не выработается моторный навык быстрого и точного достижения (без помощи глаз) этих клавиш.

Х ъ \ х ъ \ х ъ \ х ъ \ х ъ \ х ъ \ х ъ \ х ъ \ х ъ \

Если сделали ошибку, то удалите ее с помощью Backspace, для достижения которой направляем правый мизинец почти по той же диагонали, на которой находится «х», но только идем дальше, пролетаем над «х» и наконец достигаем клавиши Backspace и жмем на нее один раз, чтобы удалить один символ. Если не отпустить ее, то удаление автоматически продолжится и курсор войдет в азарт, сметая все, что слева, и остановится только в том случае, если мы отпустим Backspace или же если ничего больше не останется.

Ну вот, теперь займемся набором, ограничиваясь пройденными буквами.

Царап цап парадный голова холод холодный годовалый продавал продувал продевал прозевал не надел не одел звезда профукал дорого огород порода эй йод йоды новый щенка локо звонок колол королева Вера вера веру веры эндо здоров здоровый \ въехал щенок съехал здоровые здоровы Вы пролог голод голодовку звук голодовка огненный незнайка негодный зной загар годный годные годы год года где же грозный пега Вега цыган цыпленок цапле ценный град запах подъехал наш город поехал заехал ***эх елка палка*** *щука щук щупа щупал ощупал нащупал новый уловка кара конец еле елка голова шел шла шлепал одел зануда заноза фыркал Влад наладка найденный найденыш щедрый щедро проводной рода рождена ока давай оказала лафа Джон Эвене Экере Эллада…*

Я не набрал «елки палки», так как мы еще не прошли букву «и». Поэтому мне пришлось ограничиться одной елкой и одной палкой. Но сейчас мы перейдем к нижней линии, на которой находится буква «и», и тогда сможем набирать "елки", и "палки". А позже, когда пройдем букву «ё», то сможем набирать «ёлки палки» (пока без дефиса).

Напоследок скажу, что самым трудно дающимся в слепой печати считается движение от одной *не исходной клавиши* к другой такой же *не исходной* (напомню, что исходными являются клавиши с буквами "ФЫВА" и "ОЛДЖ"). Например, если мы напечатали "к", после чего надо набрать "е" (которая рядом справа), то ведь можно сразу перейти от "к" к "е" (так будет быстрее), а не возвращаться от "к" на исходную "а" и потом снова направиться к "е".

Нижняя линия

Это последняя линия (Shift ячсмитьбю. Shift; буквы-знаки с нажатой Shift: ЯЧСМИТЬБЮ,), содержащая буквы; если не считать «ё» на *линии знаков* (линия знаков – над верхней линией). Кстати, на *нижней линии* находятся клавиши-близнецы Shift. Если держать Shift нажатой, то буквы набираются заглавные, как если бы мы включили CapsLock. Если же действительно включить CapsLock, но опять держать нажатой Shift, то буквы будут набираться маленькие.

Сейчас я дам справку о том, какие клавиши какими пальцами нажимаются, и потом расскажу дальше о нижней линии.

Левые:
Указательный: "м", "и"
Средний: "с"
Безымянный: "ч"
Мизинец: "я" и все что слева от него

Правые:
Указательный: "т", "ь"
Средний: "б"
Безымянный: "ю"
Мизинец: "." (точка, а с Shift - запятая) и все что дальше справа

Между клавишами-близнецами Shift на нижней линии – все остальные буквы, которые еще не были пройдены нами. Это буквы «ячсмитьбю». Да, и точка в конце, и это весьма логично, что точка находится в конце (хотя "Русская машинопись" может с этим поспорить, так как знаки препинания у нее – на линии знаков). О, так я все еще не рассказал о машинописи? Попробую сделать это в какой-нибудь из следующих глав.

Для запоминания этого набора букв (ячсмитьбю) предлагаю запомнить предложение с точкой в конце: «Я человек Смить Бю.». После Смит я поставил мягкий знак, намекая на то, что этот Смить – очень мягкий человек. Ну а Бю – фамилия этого Смита. А в нашем предложении он сам за себя говорит: «Я человек Смить Бю. В этом предложении нам нужны буквы «я», а во втором слове – лишь первая буква «ч», ну а в остальных словах – все полностью.

Но прежде чем продолжить изучение нижней линии, предлагаю отвлечься на повторение трех линий.

Итак:
горячая линия: (CapsLock) (фывапролджэ) (Enter)
верхняя линия: (Tab) (йцукенгшщзхъ\)
нижняя линия: (Shift) (ячсмитьбю.) (Shift)

Ну вот, теперь идем дальше. Хотя нет, я что-то устал. Нажму-ка я на Shift + F12, чтобы запомнить текст, а сам пойду отдыхать. Но отдыхать хочу активно. Надо покрасить балкон. Поработаю немножко и вернусь к книжке. Но я думаю, что можно закрыть окно с помощью Alt + F4 (для безопасности). Если сразу после Shift + F12 нажать на Alt + F4, то Word не будет нам больше предлагать сохранять документ (ведь мы его в конце уже сохранили с помощью Shift + F12).

Ну вот, я вернулся после многочасовой работы над покраской балкона и ванной.

Кстати, теперь, годы спустя, я все еще крашу. Только уже другой дом и в другой стране, и уже не балкон, а стены снаружи. Почти все уже закончил. И если кто-то предложит мне повторить все это сначала, я не соглашусь. Хватит с меня!

Так, что-то меня опять не туда понесло.

Как же набирать буквы нижней линии? Это, скажу я Вам, чуть сложнее по сравнению с остальными двумя линиями. Сгибаем мизинец (направляя его вниз-влево)и он оказывается над клавишей «я». Пробуем набирать «я», самую хвастливую и нескромную букву (может поэтому ее и поместили в самый конец алфавита). Набираем с пробелом (пробел удобнее набирать свободной правой рукой).

Я я

Точно такое же движение правого мизинца наберет «ю». Набираем.

Ю ю

Кстати, рядом с «ю», справа, находится клавиша с точкой (а с Shift она дает запятую). Так что для набора точки достаточно опустить правый мизинец вниз (и чуть вправо, так как клавиши трех буквенных рядов расположены не вертикально друг под другом) на расстояние одной клавиши. Набираем точку с пробелом.

. . . .

А если направить правый мизинец вниз по диагонали, то можно добраться до клавиши Shift. Но чтобы набрать запятую, нам понадобиться не правая, а левая клавиша Shift. До нее доходит наш левый мизинец таким же движением (симметричным), каким правый дошел до правой Shift, то есть движением по диагонали вниз, но на этот раз влево (вниз-влево). Кистью тоже можно при этом двигать так, чтобы мизинцу было удобнее добираться до Shift. Но при этом надо оставить указательный палец на своей исходной позиции «а» (а лучезапятный сустав желательно не отрывать от стола). Итак, теперь мы можем набрать запятую (не отпуская Shift, жмем на точку).

,,

И с пробелом (главное – не спешите слишком, делайте все медленно, спокойно, а скорость со временем все равно будет увеличиваться).

, ,

Левый безымянный набирает «ч» также, как левый мизинец набирал «я»: движением кисти против часовой стрелки. Набираем с пробелом (каждый раз возвращая безымянный в исходную позицию, то есть к «ы»).

Ч ч

Точно также (симметричным движением) правый безымянный набирает «б».

Б б

А теперь - о ленивых больших пальцах. Они у нас отдыхают над клавишей пробела, поочередно нажимая ее после каждого слова. Но что же они еще умеют делать, кроме набора пробела? Теоретически они могли бы не полениться и чуточку пойти вперед, чтобы дойти до нижней линии. И тогда они оказались бы на территории клавиш «с», «м», «и», «т», «ь». Для набора, скажем, «с» левый большой - мог бы проникнуть, тайно так сказать пробраться под ладонь и надавить на «с». Точно также правый большой оказался бы над клавишей «ь», после чего надо лишь нажать на нее. Я сам, ради скорости, активно пользовался большими пальцами, но потом надо было переучиваться, чтобы в печати перестали участвовать руки целиком, начиная от плечевых суставов и заканчивая кистью.

Проблема в том, что движения больших пальцев вперед (к нижней линии) – тянут за собой всю руку, а это уже лишние движения и усталость после долгой печати. Поэтому печать букв большими пальцами – традиционно не приветствуется.

В связи с этим правило: чем меньше движений рук во время набора текста, тем продуктивнее десятипальцевая печать, так как усталость наступает позже. Словом, желательно, чтобы движения приходились больше на пальцы и кисти, но не на руки целиком. Или, говоря по-русски: лучше чтобы больше сгибались суставы пальцев и лучезапястные суставы, и как можно меньше – локтевые и плечевые. Полностью изолировать движения рук вряд ли возможно: они так и так двигаются, когда мы пользуемся крайними клавишами (Backspace, функциональные клавиши, буква "ё", и т.д.).

Есть еще так называемый *динамический набор*, при котором пальцы не так ограничены и творят что хотят; но и при такой печати тоже можно стараться по возможности меньше двигать руками в локтевых и плечевых суставах. Во время печати предплечья могут лежать на столе (если он не слишком низкий), а лучезапястные суставы отрываем от стола как можно меньше, при необходимости.

Набираем

С ь с ь с ь с ь с ь с ь с ь с ь с ь с ь с ь с ь

Теперь набираем «м» и «т» поочередно левым и правым указательными пальцами (сгибая их (при этом кисть также движется) по диагонали соответственно вниз-вправо и вниз-влево и не отрывая лучезапястных суставов от стола).

М т м т м т м т м т м т м т м т м т м т м т м т

И осталась одна буква, «и». Ее «по закону» надо печатать с помощью *левого указательного* пальца. Направляем этот палец вправо-вниз по диагонали (сделать это удобнее с движением кисти, но, как уже говорил, не отрываясь от стола).

Ииииииииииииииииииииииииииииииииииии

И с пробелом.

И и

Ну, вот, все буквы и знаки нижней линии пройдены. Остается заняться набором, ограничиваясь нижней линией. На этот раз я буду ставить много запятых и точек, так как их мы уже умеем печатать.

Я, Митя, Тим, Смит, сит, тис, Мить, СМИ, яс, Сю, Ют, чтя.,., чтить, бью, бить, бит, ююб, бимс, Бим, тмя, ютись, ., ., бич, бичи, чии, чьи, чья, чью.

Наконец мы можем спокойно набирать елки палки, но все еще без дефиса.

Елки палки елки палки елки палки елки палки

А теперь давайте наберем «слово» Юбчя. Такого слово, конечно, нет, но печать «юбчя» очень хорошо развивает навык набора букв «ю», «б», «ч» и «я». Набор этих четырех букв – один из самых сложных.

Юбчя, юбчя, юбчя, юбчя, юбчя, юбчя, юбчя

И в других вариантах.

Ячюб, юбяч, бючя, чяюб, ячбю, бюяч…

Ну вот, а теперь, умея набирать все буквы, займемся полноценной печатью всевозможных слов и выражений. Но напоследок пройдем еще буку «ё». Для ее набора надо направить левый мизинец по диагонали вперед-влево до конца. Ведь «ё» - одна из крайних клавиш. Она находится по клавишей Esc. Чтобы достигнуть Esc, надо опять же направить левый мизинец по диагонали вперед-влево. Делайте это много раз, чтобы научиться достигать и Esc, и «ё». Они совсем рядом, так что для достижения «ё» (вместо Esc) надо лишь чуточку уменьшить угол диагонали, то есть направить мизинец под чуть меньшим углом (если измерять угол слева). Набираем «ё».

Ё ё

Ну а теперь – обещанные *елки палки* в чередовании с *ёлы палы* (напомню, что мы не смогли набрать ёлки палки, так как не была пройдена буква «и», да и вместо «ё» мы набирали «е»; но теперь это можно исправить). Если вдруг перепутаете «ё» с клавишей Tab, то ничего страшного. Это исправимо. Мы можем набирать до тех пор, пока не выработаем *моторный навык* точного достижения нужной клавиши.

Эх, ёлки палки, ёлы палы, эх, ёлки палки, ёлы палы…

И еще.

У Веры нет веры. У Веры нет веры. У Веры нет веры.

Дальше.

Уверовал верующий верою верною и верен верной вере верно.

И еще для выработки навыка точного ориентирования в области букв «з», «х», «ъ», «э».

Зхъ, ъэ, ээ, хъ, ъз, эх, хэ, ъэ, зэ, ъз, хж, ъхз, хжзъ, эхъ, зъ…

И для выработки навыка точного нахождения клавиш «-», «=» и Backspace. Набираем поочередно – с Shift и без. Перед Backspace набираем пробел.

_-+=_-+=_-+=_-+=_-+=_-+=_-+=_-+=

Ну а теперь набираем самые разные слова и выражения и знаки.

Телескопический, домохозяйка №3, Ну, Вы знаете! катастрофический?, оперуполномоченный дал 5%, сельскохозяйственный, знахарь, (...) головоломка!, Бестолковщина ПОЛНАЯ, «доходчивый», пёс?, ёлка и ель, в понедельник, 2+2=4, я приду, Доброе утро!!! Не будет ли Вам угодно?… немецкое посольство, –несанкционированный, гений, талантливый, ой-ой-ой, умный/тупой, ё-моё!

Итак, мы прошли буквенные ряды и поговорили о том, как держать руки чтобы не уставать раньше времени. Но при пользовании некоторыми клавишами (например, Backspace, крайние клавиши) мы все-таки отрываемся от опоры (область лучезапятных суставов – от стола).

Линия знаков

Линия знаков, она же – линия цифр (не путать с цифровым блоком). Вместе их (линию цифр и группу букв) в некоторых источниках называют блоком алфавитно-цифровых клавиш.

Теперь – о пальцах на этой линии.

Левые:

Указательный: "5", "6" (с Shift: "%", ":")

Средний: "4" (с Shift: ";")

Безымянный: "3" (с Shift: "№")

Мизинец: "ё", "1", "2" (с Shift: "Ё", """ (кавычка))

Правые:

Указательный: "7", "8" (с Shift: "?", "*")

Средний: "9" (с Shift: "(" (открывающаяся скобка))

Безымянный: "0" (с Shift: ")" (закрывающаяся скобка))

Мизинец: "-", "=", Backspace (можно и так сказать: "-", Backspace и все что между ними) (с Shift: "_", "+", Backspace)

Дефис, который нам нужен при наборе «ёлки-палки», находится на линии знаков (без Shift: ё1234567890-=Backspace, а с Shift: Ё!»№;%:?*()_+Backspace). Для набора дефиса достаточно протянуть вперед правый мизинец, но не остановиться на клавише «з», а пойти дальше. Так мы встретимся с клавишей, набирающей дефис (а с Shift – нижнее подчеркивание). Попробуйте сделать это с Shift и без.

_-_-_-_-_-_-_-_-_-_-_-_-_-_-_-_-_-_-_

Чтобы набрать длинное тире, надо применить сочетание Ctrl + Alt + *дефис из группыцифр*. Давайте попробуем. При этом на Alt и Ctrl можем нажимать правыми большим и мизинцем, а правая рука пойдет к группе цифр, чтобы нажать на дефис.

——————————————————————

Я забыл набирать пробел после каждого длинного тире, поэтому все мои тире слились в сплошную линию. Кстати, если поставить курсор сразу после данной линии (без пробела) и нажать на Enter, то вот что из этого получится.

Да, получится линия, которая как бы разделяет страницу на две части. Для этого достаточно набрать три длинных тире без пробела. Ну а теперь наберем длинное тире с пробелом.

— — — — — — — — — — — — — —

Ну вот, а теперь набираем ёлки-палки и ёлы-палы с дефисом.

Ну вот, теперь мы действительно можем набрать «ёлки-палы», а также «ёлы-палы», друг за другом. Поехали.

Эх, ёлки-палы, ёлы-палы; эх, ёлки-палы, ёлы-палы…

О, пардон, я набрал точку с запятой, но забыл сказать, где же она находится. Для набора точки с запятой надо протянуть вперед средний левый палец, но не остановится над «у», а пойти дальше вперед. Так мы встретимся с клавишей, печатающей цифру «4», а с Shift – точку с запятой. Вот давайте наберем поочередно четыре и точку с запятой (без Shift – 4, а с Shift – точка с запятой). Разумеется, пользуемся правой клавишей Shift.

4;4;4;4;4;4;4;4;4;4;4;4;4;4;4;4;4;4;4;4;4;4;4;4;4;

Ну вот, а теперь – подробнее о линии знаков (ё, 1, 2, 3, 4, 5, 6, 7, 8, 9, 0, -, =).

Она начинается как раз с буквы «ё», которую мы уже научились печатать. Далее, после «ё», следуют цифры. Но каждая клавиша на линии знаков набирает не один, а два символа (кроме клавиши «ё»). После «ё» идет клавиша «1». Но если держать нажатой Shift, то эта клавиша наберет восклицательный знак. Итак, на самом деле линия знаков набирает в два раза больше символов, чем то, что показано мной в скобках. Если подробнее изобразить эту линию, то получится следующее:

ё(Ё), 1(!), 2(«), 3(№), 4(;), 5(%), 6(☺, 7(?), 8(*), 9(( ), 0( )).

С клавишей «6» получилась такая история. Я хотел в скобках поместить двоеточие, но сработала *автозамена*. То есть в моем текстовом редакторе установлена эта автозамена: превращение двоеточия с закрывающейся скобкой - в улыбающуюся рожицу. Точно также срабатывают многие другие варианты. Например, если поместить английское «с» в круглые скобки, то все это превращается в знак авторского права ©. Ну и т.д. Однако если после автозамены нажать на Backspace, то останется то, что мы собственно набирали, как если бы не было автозамены. Так что если выключить (с помощью Backspace) автозамену, то можем более правильно изобразить линию знаков.

ё(Ё), 1(!), 2(«), 3(№), 4(;), 5(%), 6(:), 7(?), 8(*), 9(( ), 0( )).

Очень легко набрать двойку. Надо лишь протянуть левый указательный веред, но не остановится на первой попавшейся клавише «й», а пойти дальше, до встречи с «2». Ну а единица – рядом слева. Чтобы набрать ее, нужно сделать то же самое, что при наборе двойки, но по пути чуть свернуть влево. Итак, набираем по очереди «1» и «2», каждый раз возвращая палец на место (а указательный во время набора не должен отрываться от «а»).

121212121212121212121212121212121212121212

Теперь то же самое, но с Shift (вместо единицы будет «!», а вместо двойки – кавычка). Не забываем после каждого набора возвращать на место и левый мизинец (набирающий «!» и кавычки), и правый мизинец (нажимающий на Shift).

!»!

Идем дальше. Левый безымянный, если пойдет вперед на расстояние двух клавиш, то наберет «3», а с Shift - №. Набираем номер три, с запятой (кстати, «номер три» является также хорошим мнемоническим приемом, позволяющим запомнить, что цифра «3» и знак номера – на одной и той же клавише).

№3, №3, №3, №3, №3, №3, №3, №3, №3, №3

Теперь вернемся обратно и наберем единицу с восклицательным знаком. Такая вот строгая единица, понимаешь. Набираем с пробелом и без пробела.

1! 1! 1! 1! 1! 1!1!1!1!1!1!1!1!1!1!1!1!1!1!1!1!1!1!1!

И мнемоприем: единица и восклицательный знак – похожи, поэтому они – на одной клавише.

Теперь набираем двойку и кавычки.

2»2»2»2»2»2»2»2»2»2»2»2»2»2»2»2»2»2»2»2»2»

Мнемоприем: у *кавычки* есть что-то *двойное*, две черточки.

Теперь наберем четыре, и с Shift – точку с запятой. Для этого протянем вперед левый средний, на расстояние двух клавиш.

4;4;4;4;4;4;4;4;4;4;4;4;4;4;4;4;4;4;4;4;4;4;4;4;

Мнемоприем: после четверки нельзя ставить точку, а лучше поставить точку с запятой, ведь четверка – это еще конечная оценка.

Набираем 5, и с Shift - %. Для этого протягиваем вперед левый указательный (на расстояние двух клавиш).

5%5%5%5%5%5%5%5%5%5%5%5%5%5%

Мнемоприем: всего-то пять процентов.

Набираем «6» (с Shift – двоеточие) левым указательным, но уже идем не прямо вперед, а сворачиваем чуть вправо, чтобы встретиться не с «5», а с «6».

6:6:6:6:6:6:6:6:6:6:6:6:6:6:6:6:6:6:6:6:6:6:6:6:

Мнемоприем: шесть делится на два, поэтому после шести стоит двоеточие.

Набираем «7», и с Shift – знак вопроса. Набираем правым указательным, но идем не прямо, а сворачиваем влево, чтобы встретиться не с «8», а с «7».

7?7?7?7?7?7?7?7?7?7?7?7?7?7?7?7?7?7?7?7?7?7?7?7?

Мнемоприем: семерка и вопросительный знак довольно похожи.

Набираем «8» и с Shift – звездочку. Для этого протягиваем вперед правый указательный (на две клавиши).

8*8*8*8*8*8*8*8*8*8*8*8*8*8*8*8*8*8*8*8*8*8*8*8*

Мнемоприем: восемь звездочек.

Набираем «9» и с Shift – открывающуюся скобку. Направляем правый средний палец вперед на две клавиши.

9(9(9(9(9(9(9(9(9(9(9(9(9(9(9(9(9(9(9(9(9(9(

Мнемоприем: общее между девяткой и открывающейся скобкой то, что обе они подразумевают нечто еще незавершенное.

Набираем «0» и с Shift – закрывающуюся скобку. Делаем это правым безымянный, протягивая его вперед на две клавиши (ну а на Shift жмем, разумеется, левым мизинцем).

0)0)0)0)0)0)0)0)0)0)0)0)0)0)0)0)0)0)0)0)0)0)0)0)

Мнемоприем: ноль и закрывающаяся скобка имеют нечто общее: оба уже завершены.

Ну вот, цифры закончились. Но у нас на линии знаков остались еще три клавиши: «-», «=», Backspace. Чтобы набрать дефис (а с Shift – нижнюю линию), нужно направить правый мизинец вперед на две клавиши (то есть на расстояние двух клавиш). А чтобы набрать знак равенства (а с Shift – знак «+»), надо правый мизинец направить вперед и чуть вправо. Если же направить правый мизинец вперед по диагонали, то столкнемся с клавишей Backspace (которая занимается удалением всего, что слева от курсора).

Итак, набираем дефис и с Shift – нижнюю линию.

-_-_-_-________________-_-_-_-----------------_

О, я прошу прощения за это безобразие. А получилось это из-за того, что я вовремя не отпустил клавишу, после чего набор продолжился автоматически, поэтому нижняя линия стала такой длинной. Но зато мы узнали, как можно набрать такую вот длинную нижнюю линию. А также я не отпустил клавишу во время набора дефиса, и получился такой вот пунктир.

Ну вот собственно и вся линия знаков.

_______________-----------------

О, а это безобразие получилось следующим образом: я держал Shift в нажатом состоянии и нажал на дефис, но потом отпустил Shift, не отпуская дефис.

Ну и наконец поупражняемся в наборе знаков «=» и «+». Набираем «=», а с Shiftполучается «+». Чередуем эти два знака (нажимаем, разумеется, на левый Shift, так как правая правым мизинец занят).

=+=+=+=+=+=+=+=+=+=+=+=+=+=+=+=+=+=+=+

А теперь набираем «_» (он же дефис без Shift) и «+» (он же «=» без Shift) друг за другом. Можно также использовать Backspace, удаляя и снова набирая «_» и «=». Так мы научимся ориентироваться среди трех клавиш «_», «=» и Backspace. Говоря «ориентироваться», я имею в виду – моторно (без помощи глаз) находить эти клавиши и не путать одну с другой (то есть не набрать, скажем, «–» вместо «=», а также не нажать на Backspace вместо набора «=». Итак, набираем, каждый раз возвращая мизинец на место, то есть на «ж».

-=

Ну а теперь включаем в дело оба мизинца. Набираем с Shift и без: «_», «–», «+» и «=».

_-+=-_=+-_=+-_=+-_=+-_=+_-=+-_=+-_=+-_=+-_

На линии знаков есть также другие знаки, они включаются при английской раскладке (а также при других раскладках). Нам могут пригодиться и эти знаки, поэтому мы сейчас поменяем раскладку и посмотрим, что станет с линией знаков.

Английская раскладка (с Shift и без):

~ ! @ # $ % ^ & * ( ) _ +

` 1 2 3 4 5 6 7 8 9 0 - =

Немецкая раскладка (с Shift и без):

^° ! “ § $ % & / ( ) = ?

^ 1 2 3 4 5 6 7 8 9 0 ß ´

Ну и ради повторения еще раз пройдемся по русской раскладке (с Shift и без).

Ё ! » № ; % : ? * ( ) _ +

ё 1 2 3 4 5 6 7 8 9 0 - =

У меня для изменения раскладки установлена комбинация клавиш Ctrl + Shift. Раскладку можно менять также, наведя указатель мыши на индикатор языка на панели задач и щелкнув по нему левой кнопкой мыши.

Линия пробела

Эту линию можно было назвать также *модификаторной*, так как на ней – некоторые из *клавиш-модификаторов*, а именно: обе Ctrl и обе Alt (правый также называют AltGr, то есть Alt Graph, от английского alternate graphic). Кстати, у меня комбинация любого Alt + 4 (на линии знаков) дает возможность менять размер шрифта на панели быстрого доступа (если включен русский язык). Если же влючаю *английский*, то с Alt + 4 можно менять размер шрифта, а вот AltGr + 4 набирает знак "евро" (€), хотя на клавише "4" у меня стоит доллар. Видимо, компьютер знает, что я сейчас нахожусь в еврозоне.

А вот и все клавиши модификаторы: CapsLock, Shift, Ctrl, Alt, AltGr (а на ноутбуке еще и Fn). Их так обозвали модификаторами, так как они модифицируют, то есть меняют функции клавиш (кстати, Shift по-английски и означает "менять", "смена", "изменение", "переключение").

На линии пробела (она под нижней линией букв) находится самая видная клавиша - пробел, окруженная двумя Альтами (клавиши-близнецы Alt). Альты – это музыкальные инструменты, так что мы можем провести аналогию с ними и представить, что линия пробела – самая музыкальная. Да, но она также самая контрольная, так как контролируется с обоих концов клавишами-близнецами Ctrl. Ну а между Alt и Ctrl (с обеих сторон) также есть клавиши. Между ними мы можем найти клавишу Пуска (слева), контекстного меню (справа), а на моем ноутбуке между Alt и Ctrl (слева) пристроилась еще клавиша Fn, сочетание которой с парочкой клавиш - включает и выключает некоторые функции (в том числе и встроенную цифровую клавиатуру).

Кстати, клавиши Ctrl, AltWindows (Win) – неплохие участники "горячих клавиш" (клавишных комбинаций). Вот некоторые вещественные доказательства:

Ctrl + A выделяет весь текст

Win + D сворачивает все окна

Win + E открывает "Мой компьютер"

Ctrl + Shift + стрелка вправо/влево – выделяет текст по словам и знакам - в соответствующем стрелкам направлении.

Ctrl + P дает возможность напечатать текущий документ.

Ctrl + Shift + Esc вызывает "диспетчера задач", который вызывается также комбинацией Ctrl + Alt + Del. Кстати, подобные сочетания клавиш называются *глобальными* для Windows, так как они срабатывают независимо от того с каким окном мы в данный момент работаем. Соответственно есть и *локальные сочетания*, которые работают лишь при активном окне.

Alt + Printscreen – скриншот текущего активного окна

Win + F открывает программу поиска (на нее можно выйти также через меню Пуск, нажав на "Поиск").

Ctrl + Z отменяет последнее действие.

Ладно, что-то я увлекся. В третьей части книги я привожу этих горячих клавиш столько, что мало не покажется. А сейчас – далее о линии пробела.

Пробел работает на двух работах: делает пробелы и «стирает» выделенный фрагмент текста, чем и помогает клавишам Backspace и Del. Точнее сказать, не просто стирает выделенное, а заменяет его пробелом.

Но нам важно знать… Нет, точнее, не просто знать, а *уметьдостигать* всех клавиш на линии пробела. Я имею в виду – достигать вслепую, по правилам десятипальцевого набора. Так что давайте упражняться.

Левая клавиша Ctrl. Чтобы достигнуть ее, надо устремить левый мизинец вниз влево (с исходной позиции, при этом указательный палец лучше оставить на исходной позиции, а кисть чуточку вращать против часовой стрелки, после чего область лучезапястного сустава оторвется от стола или будет скользить нему), то есть по диагонали, достигнув крайней левой нижней клавиши на клавиатуре (напомню, что смотреть при этом не надо, так как мы учимся набирать не только десятью пальцами, но и вслепую). Итак, левый указательный остается над своей «а», а левый мизинец идет по диагонали вниз-влево и, минуя встретившуюся на пути клавишу Shift, идет дальше до встречи с Ctrl. Примерно также правый мизинец набирает… О, простите, не набирает, а пользуется правой клавишей Ctrl (ведь такие клавиши как Ctrl, Alt, TabDeleteничего не набирают).

Итак, клавишами-близнецами Ctrl занимаются наши мизинцы. Если Вам вначале трудно с ними работать вслепую, то можете ощупывать их наружные края (за пределами которых уже нет клавиш). Ведь они – крайние клавиши на клавиатуре. Точно также можно ощупать наружный край клавиши Esc. Итак, если мы ощупали наружный край и не прочувствовали (тактильно, то есть на ощупь) за их пределами никаких клавиш, то это значит, что мы на верном пути. Это касается и клавиш Ctrl, и клавиши Esc (за правой Ctrl идет клавиша со стрелкой влево, но между Ctrl и этой клавишей есть некоторое расстояние) .

Клавиши контекстного меню достигаем с помощью правого мизинца. Надо его опустить вниз и чуть вправо на две клавиши (впрочем, клавиатуры бывают разные, так что надо выработать навык на своей клаве). При этом кисть может сгибаться в лучезапястном суставе, так удобнее (но указательный должен остаться на своей исходной позиции «о»).

Сейчас я пользуюсь клавиатурой, где обеих клавиш с эмблемой Windows достигают мои мизинцы, направляясь вниз на расстояние двух клавиш.

Вообще, наши мизинцы довольно шустрые и подвижные, так что крайними клавишами лучше всего заниматься именно им.

А на другой моей клавиатуре клавиши Windows(одной единственной, что слева от левой клавиши Alt) достигает левый мизинец. Попробуйте нажать на эту клавишу. Если откроется меню Пуск, то вы все делаете правильно. Затем нажмите еще раз и меню Пуск закроется. Так делайте много раз, чтобы выработался навык точного и быстрого достижения клавиши с эмблемой Windows.

Крайние клавиши вслепую

Крайними я называю клавиши Esc, Tab, CapsLock, Shift (обе), Ctrl (обе), Windows (клавиша Пуска, с эмблемой Windows), Alt (обе; на правой клавише встречается также надпись AltGr), а также клавиши династии F.

Кстати, название клавиши Alt – от английского *alternate*, что, помимо прочего, означает "чередовать".

Клавиша Tab, ее название – от "табулятор" (анг. *tabulator* – табулятор; составляющий таблицы). В текстовом редакторе она перемещает курсор куда быстрее чем клавиша пробела. А в интернете Tab может неплохо заменять мышку, с каждым нажатием выделяя следующую кнопку или ссылку, после чего нужно лишь нажать на Enter.

Клавиша Esc помогает избежать неприятностей (от англ. *escape* – избавиться). Жалко, что в реальной жизни такой кнопки нет. Она бы нашла себе широкое применение. Например, влюбился неудачно, нажал на Esc – и завяли помидоры.

Клавиша Shift часто используется для набора заглавных букв, а еще – в комбинациях клавиш. Вот пример очень интересной комбинации с Shift. Я нажимаю (с помощью мыши) в интернете на ссылку и она открывается в том же окне, потом удерживаю Shift и жму с помощью мыши на ту же ссылку и – открывается в новом окне.

Комбинация Shift + Alt (так же как Ctrl + Shift) используется для переключения раскладки клавиатуры.

Благодаря CapsLock (от англ. capitals lock - что-то типа "включения прописных букв") не нужно постоянно нажимать на Shift (если хотим чтобы все буквы были заглавные).

Клавиша Ctrl (полное имя - Control) – одна из клавиш-модификаторов. Она делает много чего как в текстовом редакторе, так и за его пределами. К примеру, Ctrl + N отрывает новое окно в текстовом редакторе и в интернете, а Ctrl + L выделяет в интернете адресную строку (ее можно выделить также щелчком мыши, наведя стрелку на область адреса), после чего ее можно скопировать. А Ctrl + R – это все равно что нажать в интернете на значок обновления страницы. А в Microsoft Word эта комбинация выравнивает текст (абзац с курсором или весь выделенный текст) по правому краю. Ну а Ctrl + W закрывает окна, и ему все равно, какие это окна: интернетовские или вордовские и т.д. Короче, клавиша Ctrl, помимо прочего, сотрудничает со многими буквами, так что можно самим наблюдать, что произойдет при нажатых Ctrl и какой-нибудь буквы. Вот я только что испробовал Ctrl + H: в интернете (я попробовал в Mozilla Firefox и Google Chrome) открывает журнал (историю), а в Microsoft Word – окошко "Найти и заменить". Ctrl + S занимается сохранением, в том числе и в интернете. Ну все, хватит на этот. Главное – вовремя остановиться.

Идем дальше по теме.

Поскольку эти крайние клавиши используются довольно часто, то довольно часто они – больших размеров, больше многих других клавиш.

Крайними клавишами (кроме некоторых клавиш F) занимаются наши мизинцы. Вообще мизинцы – довольно шустрые ребята, не смотря на то, что не удались ростом.

Итак, для набора CapsLock надо направить левый мизинец влево, к соседней клавише и нажать на нее.

ЕСЛИ ЖЕ…

Да, я сказал нажать на нее (на CapsLock) , но потом надо еще раз нажать, чтобы выключить режим заглавных букв.

Если же левый мизинец пойдет не просто влево, а по диагонали влево-вниз, то столкнется с Shift. Такое же движение правого мизинца приведет его к правой клавише Shift.

Ну а если левый мизинец не остановится на Shift и пойдет дальше по диагонали, то встретится с клавишей Ctrl. Примерно также правый мизинец встречается с правой Ctrl. Какая встреча!

По обе стороны от длинной клавиши пробела (англичане зовут ее SpaceBar, но она все равно не откликается) находятся клавиши Alt, которыми занимаются *левый безымянный палец* (левый Alt) и *правый мизинец* (правый Alt, он же AltGr). Но добраться до пробела клавиш Alt без могут и большие пальцы, так как их движения в стороны вовсе не влекут за собой всю руку (как это может быть при их движениях вперед к буквенным клавишам). Чтобы облегчить задачу, можно почувствовать (большими пальцами) края клавиши пробела, после чего перейти к соседней клавише слева и справа.

Но клавиши Alt все-таки принято нажимать левым безымянным и правым мизинцем.

Ну а клавишами между Ctrl (с обеих сторон) занимаются мизинцы, эти шустрые ребята (опускаем их вниз-влево (левый) и вниз-вправо (правый) до встречи ними). На моей клавиатуре дело обстоит так: если правый мизинец сделает то же движение (что делает левый для достижения Ctrl), то он нажмет на клавишу контекстного меню. Значит, правый мизинец для достижения правой клавиши Ctrl должен направится вниз-вправо под меньшим углом, чем правый.

Поскольку именно в этих местах (между Ctrl и Alt) клавиатуры довольно разняться друг с другом, то дорогому Читателю надо выработать навык работы с этими клавишами именно на своей клаве.

Итак, подведем пальцевый итог (пальцы клавиши).

Левые:

Указательный: 5 6 к е а п м и

Средний: 4 у в с ("с" удобно нажимать также указательным пальцем)

Безымянный: 3 ц ы ч левый Alt (Alt можно при желании - и большим пальцем)

Мизинец: ё 1 2 й ф я Esc Tab Caps Lock левый Shift левый Ctrl

Правые:

Указательный: 7 8 н г р о т ь

Средний: 9 ш л б

Безымянный: 0 щ д ю

Мизинец: - = з х ъ \ ж э . Backspace Enter правый Shift правый Ctrl клавиша контекстного меню

Функциональные клавиши F в слепой печати

Так называемые *функциональные* клавиши в слепой печати часто не рассматриваются, но все же можно научиться управлять ими по тем же принципам десятипальцевого набора. Вообще было бы здорово научиться работать со всей клавиатурой тактильно.

Давайте сначала рассмотрим обычную клавиатуру (где функциональные клавиши распределены на три группы), а потом – ноутбук (на котором эти группы не так далеко друг от друга, как на обычной клавиатуре).

До клавиши F1 достигает левый мизинец движением вперед до встречи с последней клавишей (то есть с F1). При этом левый указательный остается на «а» (то есть на клавише с выступом), чтобы не сбиться с ориентира.

Такое же движение вперед левого безымянного пальца достигает F2. Средний, соответственно, достигает F3. И, наконец, указательный – F4. Но как же так, возникает вопрос, ведь если указательный покинет клавишу «а» (с выступом), то пальцы левой руки потеряют свой ориентир в тактильном пространстве. Да, но есть замена указательному пальцу. Его может заменить соседний, то есть средний палец, пребывая (во время командировки указательного) на своей клавише «в» (а может заменить и мизинец, чтобы кисть чувствовала себя свободнее во время перемещения указательного к F4). А когда указательный завершит свою миссию и вернется назад к «а», то средний может со спокойной совестью передать бразды правления указательному.

Правый мизинец набирает F9, если сделает те же движения, что пальцы левой руки: движение вперед до встречи с последней клавишей. А там уже нетрудно при необходимости перескочить на соседнюю клавишу F10. Точно также нетрудно перепрыгнуть к левой по отношению к F12, то есть к соседней с ней F11. То есть, если хотим нажать на F11, то протягиваем правый мизинец по диагонали к F12 (а это мы уже умеем делать), ну а затем наведываемся к соседу слева, к F11. Этот тип движения в слепой печати считают самым сложным: движение от одной не исходной клавиши (то есть той что за пределами "фыва" и "олдж") к другой не исходной.

Если же хотим воспользоваться клавишей F10, то делаем это с помощью клавиши F9 (вперед правым мизинцем до встречи с первой клавишей третьего функционального ряда, с F9), направившись от нее к соседу справа, к F10. Или же по пути (к F9) чуточку сворачиваем вправо, чтобы попасть к F10. Со временем можно научиться достигать F10 и F11 напрямую, без помощи соседних клавиш.

Если соединить клавишу F5 с клавишами с выступами «а» и «о». То получится равнобедренный треугольник. Это значит, что до клавиши F5 с одинаковым успехом могут добраться и левый, и правый указательные пальцы движениями вперед по бедрам упомянутого треугольника. Углы при основании треугольника – примерно 60 градусов. Это градус направления движений пальцев, достигающих F5.

Клавиши F8 достигает правый безымянный уже известным нам движением вперед до конца. Соответственно, клавиши F7 достигает правый средний. И, наконец, клавиши F6 достигает правый указательный.

Итак, набором первой четверки клавиш F (а также же при желании – клавиши F5) занимаются левые пальцы, а всеми остальными – правые.

А теперь – ноутбук, с помощью которого я собственно и пишу сейчас о функциональных клавишах.

Тут особого раздолья для функциональных клавиш нет, так что картина у меня такая.

Esc, F1, F2 лучше нажимать левым мизинцем, F3 – левым безымянным, F4 – левым средним, F5, F6– левым указательным, F7, F8 – правым указательным, F9 – правым средним, F10, F11– правым безымянным, F12 – правым мизинцем. Во всех этих нажатиях указательные пальцы стараются остаться на своих исходных позициях, чтобы потом не искать их (на ощупь) снова.

Поскольку и ноутбуки отличаются друг от друга, то можно импровизировать и со временем найти самые удобные варианты достижения функциональных клавиш.

Слепой набор комбинаций клавиш

По-моему, это самая подходящая глава для рассказа о русской машинописи. Теперь остается найти подходящий абзац, чтобы втиснуться туда с этой самой машинописью.

Если мы научились набирать вслепую десятью пальцами, то это значит, что и сочетания клавиш не мешало бы набирать по тем же правилам десятипальцевого набора. Давайте поупражняемся в десятипальцевом использовании сочетаний клавиш. Итак, если *горячие клавиши* (подробнее о них – в третьей части книги) вносят существенный вклад в увеличение продуктивности (производительности) работы на ПК, то *десятипальцевоепользованиегорячими клавишами* удваивает этот вклад. Да, одно дело пользоваться комбинациями как придется (обычно – двумя-тремя пальцами), и совсем другое– всеми пальцами, то есть по принципам десятипальцевой скоростной печати. Тогда мы еще больше выигрываем в скорости

Но добавлю, что *в режиме залипания клавиш* (он включается пятикратным нажатием на Shift) все клавиши в сочетаниях нажимаются и не удерживаются, так что можно достигать (вслепую) каждой клавиши по-отдельности. Но если мы привыкли работать без данного режима, то автоматически будем нажимать сразу две или три клавиши, тем самым выключая режим залипания. Но это дело времени: через время у нас сформируется навык работы в режиме залипания. Словом, дело довольно упрощается в данном режиме, так что и говорить об этом нечего (так как нет одновременного и последовательного нажатия и удерживания клавиш). Мы же сейчас рассмотрим обычный режим, в котором клавиши в сочетаниях надо нажимать и удерживать.

Есть что-то общее между машинописью и залипанием клавиш. О, неплохое начало о русской машинописи. Наконец-то, наконец-то я нашел место, где могу рассказать об этом! Ура, товарищи! А ведь я так ждал этого момента: все начинал в других главах, но чувствовал, что место-то неподходящее. И вот, сбылась мечта машинописца.

Так какая же связь между машинописью и залипанием клавиш? А такая, что в режиме залипания (липкий режим) не нужно удерживать нажатых клавиш, а в машинописи не нужно так часто нажимать и удерживать Shift. Вот так вот.

Но сразу скажу, что если меняем раскладку, то придется переучиваться. Я как раз сейчас в раздумьях: нужно ли мне переходить на машинопись? Ведь каждый раз, набирая знак препинания, нужно достигать линии знаков. Короче, время покажет.

Итак, друзья мои, вот она, русская машинопись.

Линия знаков:

| № - / " : , . _ ? % ! ; Backspace

Линия знаков с нажатой Shift:

+ 1 2 3 4 5 6 7 8 9 0 = \ Backspace

Верхняя линия: Tab йцук ен гшщз х ъ)

Все то же самое кроме закрывающейся скобки, на месте которой была наклонная линия \.

Верхня лини с нажатой Shift: ЙЦУК ЕН ГШЩЗ Х Ъ (

Обратите внимание: при нажатой Shift скобка стала открывающейся, а раньше, при другой раскладке, наклонная линия при нажатой Shift наклонялась под другим углом /.

Горячая линия: CapsLock фыва пр олдж э Enter

Горячая линия с нажатой Shift: CapsLock ФЫВА ПР ОЛДЖ Э Enter

Нижняя линия: Shift я ч с м и т ь б ю ё Shift

Все то же кроме буквы "ё", которую теперь набирает не правый, а левый мизинец, причем "ё" теперь всегда под рукой, а не на краю света, как при обычной раскладке. Словом, машинопись хороша также для тех, кто против замены буквы "ё" на "е", потому как теперь "ё" находится там, где раньше (при раскладке ЙЦУКЕН) находилась точка.

Вот такая вот история, друзья мои, про машинопись, ну а я переключаюсь сейчас на обычную привычную мне раскладку и продолжаю сие компьютерное повествование.

Удалил русский язык и установил его снова. О, какое облегчение, привычная мне раскладка! Как приятно возвращаться к тому, к чему привык! Но машинопись я все-таки буду иметь в виду.

Ну все, теперь – дальше о том как сочетаются клавиши.

Как, например, использовать сочетание Ctrl + Alt по правилам десятипальцевого набора? Напомню, что знак плюс не набираем; он просто служит для пояснения; то есть видя знак плюс между клавишами, мы понимаем, что речь идет о совместном использовании данных клавиш. Теперь вернемся к Ctrl + Alt. Обе эти клавиши – близнецы, они есть и справа, и слева.

Ctrl + Alt. Достигаем левым мизинцем Ctrl (это мы уже умеем) и, не отпуская, достигаем левым большим клавиши Alt (это мы тоже умеем). Итак, мы уже умеем по-отдельности достигать и Ctrl, и Alt. Теперь надо это сделать вместе: мизинец идет к Ctrl, а в это время большой протискивается под ладонь и нажимает на Alt, который слева от пробела. Но Alt есть также справа от пробела, поэтому можно воспользоваться и правым Alt (то есть левый мизинец жмет на Ctrl, а правый большой – на Alt), чтобы на одну руку было меньше нагрузки.

Shift + F12. Поскольку клавиши F12 придется достигнуть мизинцем правой руки, то Shift придется набирать левой рукой (левым мизинцем). Итак, достигаем левым мизинцем левой клавиши Shift, и, не отпуская, направляем правый мизинец вперед до достижения F12.

Ctrl + Shift + G. Этим сочетанием вызывается Статистика (в MicrosoftWord). Вслепую я это делаю так: левым мизинцем жму на Ctrl (слева), правым мизинцем – на Shift (справа) и, держа их нажатыми, направляю левый указательный к клавише «G» (она соответствует русскому «П», так что мне остается лишь направить левый указательный от своей исходной позиции к соседней справа клавише). Это получается быстрее, чем открывать Статистику с помощью главного меню или же смотреть на клавиши и набирать все двумя пальцами. Кстати, я сейчас проверю с помощью *статистики*, сколько у меня знаков. О, уже 235386. Доведу до 300000 и отдам в издательство. Впрочем, не спорю, что могу увлечься и довести объем до гораздо большего количества знаков.

Alt + щелчок. Справочные материалы (в MicrosoftWord). Интересное сочетание одной клавиши и одного клика левой кнопкой мыши. И клаавишной комбинацией-то не назовешь.

Alt + F4. Задесь не принципиально, какой из альтов мы нажмем. А поскольку на F4 придется нажимать левой рукой, то на Altнажмем правым мизинцем (на правый Alt, то есть на AltGr). Но сначала Alt (не отпуская) и только потом – F4.

Ctrl + Esc. Открывает меню Пуск (так же, как клавиша Windows). Правый мизинец жмет на правую клавишу Ctrl (и не отпускает), а левый мизинец поднимается по диагонали вверх-влево до конца и жмет на крайнюю клавишу Esc. Сначала нужно нажать на Ctrl, и, не отпуская ее, нажать на Esc. Если сделать наоборот (то есть сначала нажать на Esc, то ничего не получится, меню Пуск не откроется; и это касается многих сочетаний клавиш: очередность очень важна).

Ctrl + Shift. Если нужны именно левые Ctrl + Shift, то можно опустить левый мизинец на обе клавиши сразу. Для этого можно выпрямить ладонь (не отрывая указательный от исходной позиции «а»), как бы собираясь погладить клавиатуру, при этом чуть отодвинув мизинец влево, чтобы он «лег» сразу на две клавиши Ctrl и Shift. Затем нажать на обе одновременно. Если же не принципиально, какая из клавиш близнецов будет использована в этом сочетании, то можем либо левым мизинцем нажать на Ctrl, а правым – на Shift, либо наоборот.

Shift + Alt. Или левым мизинцем жмем на Shift и, не отпуская левый, направляем правый мизинец к правой клавише Alt, либо наоборот: правым жмем на правый Shift и левым – на левый Alt. Или же жмем одновременно на две клавиши в обоих вариантах (то есть направляем мизинцы одновременно и жмем сразу на обе клавиши).

Ctrl + Tab. Поскольку Tab у нас слева, то на Ctrl придется нажать правому мизинцу, а на Tab – левому. Мы уже умеем по отдельности пользоваться и Tab, и Ctrl, так что остается нажать на Ctrl и, не отпуская, нажать другим мизинцем на Tab. Напомню, что для достижения клавиши Tab левый мизинец идет по диагонали на одну клавишу влево-вверх.

Shift + Tab. Мы знаем, как пользоваться (вслепую) Shift и как пользоваться Tab. Но чтобы нажать их в комбинации, придется использовать обе руки, так как мы не можем одновременно нажать левым мизинцем и на Shift, и на Tab. Исходя из этой довольно внушительной логики мы используем правый мизинец для Shift, а левый – для Tab.

Клавиша с эмблемой Windows + Ь (мягкий знак). Эта комбинация сворачивает сразу все окна. Если, скажем, у нас открыто десять разных окон и нам срочно надо их свернуть, то эта комбинация заменит нам десятикратное щелканье по верхней кнопке (со знаком «минус», в верхнем правому углу окна) сворачивания окна. Ну а как же все это сделать вслепую? Да очень просто: левый мизинец направляем к клавише с Windows (о том, как это делать, я рассказываю в предыдущей главе), ну а мягкий знак мы уже умеем печатать. Все окна будут свернуты.

Клавиша Windows + Shift + Ь. Что же делать со свернутыми окнами? Ясное дело – разворачивать их. Эта комбинация как раз позволяет сразу развернуть все окна. Здесь я предлагаю чуточку отступить от правил набора. Придется нажать правыми пальцами и на клавишу с эмблемой Windows, и на Shift. Но поскольку по правилам обе эти клавиши нажимаются мизинцем, то надо сделать исключение. Ведь не может же наш мизинец раздвоиться! Поэтому мы можем чуть отодвинуть кисть влево-вниз (оторвавшись от ориентира «а»), так, чтобы левый мизинец «приземлился» на Shift, а левый большой на клавишу Windows (она же – клавиша Пуска). Ну а правый указательный приготовится, чтобы нажать на «Ь». Если сразу не получиться быстренько найти места всех трех клавиш, то делайте это много раз и навык в конце концов выработается.

Ctrl + P. Печать (то же самое делает пиктограмма с рисунком печатной машинки). Ну, здесь никаких проблем: левый мизинец жмет на левую клавишу Ctrl и не отпускает, а правый мизинец направляется к английской «P» (соответствует русскому «З»).

Ctrl + O. Открытие документа (та же функция у пиктограммы в виде открывающейся папки). Набор прост: левый мизинец жмет на Ctrl, а правый безымянный – на английское «O» (соответствует русскому «Щ»).

Alt + пробел. Либо левым большим жмем на левый Alt, а правым большим на пробел, либо наоборот: правым большим – на правый Alt (его величают также AltGr), а левым большим на пробел. Это сочетание у меня вызывает мню с помощью которого можно закрыть окно (меню: Восстановить, Переместить, Размер, Свернуть, Развернуть, Закрыть). После открытия меню можно стрелками навести выделение на нужную команду и нажать на Enter.

Alt + Ctrl + N – переход документа в обычный режим. Если включить режим залипания клавиш (пятикратное нажатие на Shift), то можно нажимать и отпускать поочередно все три клавиши. Если же залипание выключено, то можно сделать так: левым безымянным жмем на Alt и не отпускаем, а в это время правый мизинец идет к клавише Ctrl, жмет на нее и удерживает. Ну а правый указательный жмет на N (соответствует русскому «Т»).

Итак, логика слепого набора сочетаний проста: если первой клавишей вынуждена заняться одна рука, то другую клавишу лучше нажать другой рукой (пальцем другой руки). В тройных же сочетаниях одной из рук придется взять на себя нажатие сразу двух клавиш. В любом случае, ищите наиболее удобные варианты и повторяйте много раз использование данного сочетания, чтобы выработать навык применения этих комбинаций вслепую. Ну а в режиме залипания все гораздо проще: не надо удерживать клавиши, так как они залипают (то есть после нажатия и отпускания остаются нажатыми).

Мы еще поговорим о сочетаниях клавиш в третьей части. Здесь же я сделал акцент именно на *слепом-десятипальцевом* использовании комбинаций клавиш, а не на том, какие функции эти комбинации выполняют.

Так, я сейчас нажму на Shift + F12 (чтобы все запомнить, сохранить), а потом сверну все окна (клавиша Windows + Ь) и пойду пить чай. Я недавно проснулся и еще не завтракал. Так что уже пора. Пожелаю себе приятного аппетита и направлюсьв кухню.

Ну вот, я вернулся с завтрака, развернул все окна (Windows + Shift + Ь) и могу теперь продолжать работу.

Кстати, с тех пор как я отключил проверку грамматики, мой MicrosoftWord больше не мучает меня внезапными аварийными отключениями.

P. S. Не могу не сказать еще пару слов о залипании клавиш (в качестве повторения). Нет, к пальцам они липнуть не будут, однако происходит во время залипания нечто очень интересное и удобное. Но прежде напомню, что режим залипания клавиш включается пятикратным нажатием на Shift и выключается нажатием на две клавиши одновременно (одна из которых – Shift, Windows, Alt или Ctrl). При этом режим залипания как бы обижается на нас за то, что мы поступили вопреки принципам залипания и нажали сразу на две клавиши. Итак, если мы пять раз нажали на Shift, то появляется окошечко, предлагающее включить режим залипания, после чего даем добро и данный режим включается. При этом в области панели задач появляется значок, свидетельствующий о том, что данный режим сейчас включен.

Ну что ж, эта часть книженции подошла к концу. Сделан неплохой вклад в дело развития скорости и удобства работы на ПК. Пора переходить ко следующей части, где научимся печатать на английском и немецком языках.

Часть II: Англо-немецкая десятипальцевая печать и русско-англо-немецкий компьютерный словарь

Touchtyping или Печаем по-английски

Учитывая популярность международного языка, было бы неплохо поговорить о десятипальцевой печати на нем. English сейчас везде и всюду. В своей книге мне не раз приходилось переключаться с русского на английский, чтобы набрать «MicrosoftWord», а также названия клавиш (Esc, Tab, CapsLock, Shift). Также, работая над «англо-русским мнемоническим словарем», я набирал английские слова (что и помогло мне научиться чуть быстрее печатать на English). Итак, будет весьма неплохо, если мы научимся работать с клавишами не только на русском, но и на английском языке.

Принципы, разумеется, те же, что в печати на русском. Но если мы все освоили на русском, то, понятное дело, что не сможем использовать этот «русский скоростной навык» для печати на другом языке. Придется много печатать и на английском, чтобы развивать скорость «английской печати».

Итак, все то же, с той лишь логически понятной разницей, что вместо русских ориентиров теперь английские. То есть, вместо ФЫВА и ОЛДЖ у нас будут ASDF и JKL:. Вот с них и начнем.

Стоп! О что я слышу!

- Английские пальцы давай!

- Ладно, даю. К ним присобачил и клавиши.

Левые:

thumb (большой): spacebar (пробел)

indexfinger (указательный): 5 6 rgtfvb

middlefinger (средний): 4 edc

ringfinger (безымянный): 3 wsx левый Alt

littlefinger (мизинец): ` 1 2 qazTabCapsLockShiftCtrl если между Shift и "z" есть еще клавиша, то и она "принадлежит" левому мизинцу

Правые:

thumb (большой): spacebar (пробел)

indexfinger (указательный): 8 7 uyjhnm

middle finger (средний): 9 i k ,

ring finger (безымянный): 0 o l .

little finger (мизинец): - = p [ ] # ; ' / Backspace Enter Shift Ctrl AltGr (тоестьправый Alt) menu key (тоестьклавишаконтекстногоменю.

А вот названия некоторых английских клавиш.

Esc key (Escape key) – клавиша Esc

Tab key (tabular key) – клавиша Tab

Num Lock (Number Lock) – клавиша Num Loc

Scroll Lock (Scrolling Lock) - клавиша Scroll Lock

Arrowkeys – клавиши со стрелками

Shiftkey

Control key

Windows key (Windows logo key)

Alt key

AltGr key (Alt Graph)

menu key–клавишаконтекстногоменю

INS (Insert key)

Enter key - клавиша Enter

Function key – функциональные клавиши

Modiefier key – клавиши-модификаторы

Numeric keypad – цифровой блок клавиатуры

Sysrq (system request) – клавиша SysRq

Prtscr (print screen) – позволяет копировать изображение экрана (скриншот)

PauseBreakkey – клавиша Pausebreak (Win + Pausebreak открывает окно "свойств системы", а еще в играх этой клавишей можно включить паузу)

Spacebar, spacekey – клавиша пробела

Fnkey – клавиша Fn

Button (она же commandbutton) – кнопка, только не физическая, а та что в компьютерной программе. Одна из самых часто используемых кнопок – Ok

Keyboard shortcut – сочетание клавиш

delete key (Del) – клавиша удаления слева направо

Backspace – клавиша удаления справа налево

compose key – клавиша compose

Reboot – перезагрузка

Я и сам сейчас нуждаюсь в перезагрузке: всю ночь трудился над книгой, а сейчас уже утро, петухи кукарекают (между делом сфотографировал восход солнца). Эх, выключу компьтер и пойду почитаю что-нибудь или включу "спящий режим" (гибернация, англ.: Hibernation).

Ну все, хватит, а то получится целый компьютерный словарь (который уже есть в этой книге).

Итак, начнем с группы букв.

Уже известные нам бугорочки находятся на клавишах с буквами F и J (они соответствуют русским А и О). На этих клавишах «зависают» (или чуть касаются их) наши указательные пальцы. Соответственно, остальные пальцы «зависают» над ASD (левые мизинец, безымянный и средний пальцы) и KL: (правые средний, безымянный и мизинец). Короче, левые четыре пальца (кроме большого) – на "asdf" , а правые четыре - на "jkl ;"

Теперь – чуть подробнее.

Начнем с линий (то есть рядов клавиш) в группе букв.

Верхняя линия: Tabqwertyuiop [ ] \

Верхняя линия с Shift: TabQWERTYUIOP {}|

Горячая лини: Caps Lock asdf gh jkl ; ‘ Enter

Горячая линия с Shift: Caps Lock ASDF GH JKL : ” Enter

Нижняя линия: Shift zxcvbnm ,./ Shift

Нижняя линия с Shift: Shift ZXCVBNM <>? Shift

На линии пробела букв нет, поэтому рассматривать ее в этой главе не обязательно.

Самые часто используемые буквы находятся на горячей линии (поэтому я и назвал ее горячей), а точнее – в непосредственной близости от указательных пальцев (которые находятся над своими исходными позициями F и J, на которых есть бугорочки для тактильного их опознавания).

Теперь перейдем к мнемоническим приемам, с помощью которых мы с легкостью запомним расположение клавиш с английскими буквами.

Левые четые пальца (то есть все кроме большого) зависают над asdf (соответствует русскому фыва).

asdf – АСегодня День Футбольный.

Правые те же четыре пальца зависают (или касаются, кому как удобнее) над jkl;.

jkl; – ЖаКЛин поставила точку с запятой, а затем двоеточие (с Shift): JKL:. Затем следует клавиша с кавычками (одинарными без Shift и двойными с Shift). Кавычки соответствуют русской букве «Э» (находятся на одной и той же клавише). Поэтому можем применить такой мнемоприем: эти кавычки. Или, для большего разнообразия: ох уж Эти кавычки.

gh – как последние две буквы в шахматах (А, Бе, Це, Де, Е, Эф, Же, Аш): Же Аш. Таким образом запомним, что английские шахматы находятся между двумя указательными пальцами. Они соответствуют русскими ПР (ПРавильные шахматы).

Итак, под левыми четырьмя пальцами (то есть всеми кроме большого) – четыре клавиши: asdf (слева направо). Это значит, что левому мизинцу для набора английской буквы «a» нужно лишь надавить на свою исходную позицию, то на клавишу под собой. С таким же успехом левый безымянный набирает «s», средний «d» и наконец указательный «f». Точно также, то есть не двигаясь с места (с исходной позиции), правый указательный набирает «j», средний «k», безымянный «l», а мизинец точку с запятой «;» (при нажатой Shift – двоеточие).

Если же не полениться и сделать движение пальцами, то можно и другие буквы набрать. Например, если левый указательный соизволит направится к соседней справа клавише и надавить на нее, то напечатается буква «g». Также правый указательный, сместившись налево (к первой попавшейся клавише), наберет «h». Если же правый мизинец «пойдет» направо к соседней клавише, то наберется открывающаяся кавычка. Если на эту клавишу нажать еще раз, то на экране высветится уже закрывающаяся кавычка. При нажатой Shift эти кавычки будут двойными, а без Shift – одинарными.

Ну вот и вся горячая линия (CapsLockasdfghjkl ;' Enter). Говорить о CapsLock и Enter я не буду, потому что эти клавиши – общие для всех языков.

Давайте поупражняемся теперь в наборе, ограничиваясь горячей линией, то есть буквами asdfghjkl и знаками ; '' "" (точка с запятой и кавычки).

Итак, набираем:

Aasasdasdfffdfdsfdsa

Jjkjkljkl; ; ;l ;lk ;lkj

G h gh hg

Asdf gh jkl;

A d j g h d l d "j" js as ' '' 'j'

Мы уже знаем как достигать той или иной клавиши. Мы ведь все это проходили во время «русского набора» текста.

Теперь перейдем к верхней линии. Вот она: Tabqwertyuiop [ ] \

Оставим клавишу Tab в покое (мы еще поговорим о ней в дальнейшем) и поговорим о буквах и знаках на этой линии. Скажу только, что для достижения клавиши Tab левый мизинец движется по диагонали вперед-влево.

Я подразделил (также как в горячей линии) буквы верхней линии буквы на группы, чтобы легче было запомнить. Логика этого условного подразделения также в том, что перед четырьмя левыми пальцами (то есть всеми кроме большого) – четыре клавиши qwer, перед четырьмя правыми – также четыре клавиши uiop. А между qwer и uiop – две клавиши ty (также, как между asdf и jkl – клавиши gh). Говоря «клавиши gh» я, конечно же, имею в виду клавиши, которые набирают буквы «g» и «h».

Отвлечемся на минутку на мнемотехнику, а затем займемся набором.

Верхняя линия начинается с Таблицы (клавиша Tab), затем идет Сквер (qwer), после чего – телевизор (T) с антенной (Y), а по телевизору Вы (UI) сказали «оп» (OP) и прыгнули прямо в скобки [ ], затем скатились вниз по наклонной линии \.

Или так: таблички (Tab) были в сквере (qwer), и телевизор (T) с двойной антенной (Y), а по телевизору вы (UI) сказали «оп» (OP) и прыгнули прямо в скобки [ ], затем скатились по наклонной линии \. Да, в этом мнемоническом предложении – вся верхняя линия.

Так, теперь наберем буквы из «квартета» qwer, соответствующего русскому йцук. Итак, для набора «q» нужно лишь направить вперед (к первой попавшейся впереди клавише) левый указательный. Точно также левый безымянный, двинувшись вперед, попадет к клавише «w», левый безымянный – к «e», а левый указательный – к «r». Ну а правые, двигаясь поочередно вперед, наберут uiop.

Чтобы набрать «t» и «y», левый указательный дожжен пойти вперед-вправо, то есть по диагонали, а правый указательный – по диагонали вперед-влево. Причем таким диагональным движением пальца мы должны управлять моторно (то есть без помощи зрения). Об этом мы говорили в главе о «русском наборе».

Далее на верхней линии – знаки: квадратные скобки и наклонная линии, а при нажатой клавише Shift – фигурные скобки и вертикальная линия. Этими тремя клавишами «занимается» правый мизинец.

Для набора открывающейся квадратной скобки правый мизинец направляется по диагонали вверх-вправо. А чтобы набрать закрывающуюся скобку, мизинцу надо направиться также впере-вправо, но под еще меньшим наклоном и преодолеть больший пусть. Ну а если сделать наклон еще меньше (и чуть увеличить длину пройденного пути), то мизинец достигнет клавиши с наклонной линией.

[ ] \

С Shift : {}|

Ну что, теперь можно заняться набором, ограничиваясь верхней линией.

Qqwqweqwerrrerewrewqtytyytytuuiuiouiopppopoipoiu [ ] \ {} |

Were we wee TY ewer   U u I I O o P p power

Теперь займемся печатью в пределах верхней и горячей линий.

Heir due lord Lord fife sir ser per prig grog prig Water Pride

Gh de le geo see je jot Skit Sot Site Tort grad usage

Asdf gh jkl; ‘” qwer ty uiop []\ {}|

Ну и наконец перейдем к нижней линии.

Вот она: Shift zxcvbnm,./ Shift

И при нажатой Shift: ShiftZXCVBNM<>? Shift

Попробуем придумать какие-нибудь мнемонические глупости с целью облегчения запоминания букв нижней линии.

Zxc – загс. Да, объединим эти три клавиши, представив, что они означают ту организацию, где я и сам недавно женился, то есть ЗАГС. И ведь действительно, есть что-то общее между Zxc и Загс.

Zxcv – Загс вдвоем. Да, ведь в загс ходят всегда вдвоем. На ком-то ведь надо жениться! Не пойдешь ведь в загс один. Итак, я представил, что буква «v» намекает на слово «вдвоем».

Bnm – представим, что эти буквы намекают на известную группу «Бони М».

И все вместе: zxcvbnm – в загс вдвоем с «Бони М».

Далее идут запятая, точка и наклонная линия: , . /

Итак, в конце нижней линии наступает конец всей группе клавиш с буквами (и знаками). Может быть поэтому там и находится точка. Но не сразу ставится эта точка, а сначала стоит запятая. Итак, сначала запятая (,), потом точка (.), а потом мы можем подняться на уровень выше по наклонной линии /.

Предыдущий абзац был мнемонический, то есть имел целью запоминание последний трех клавиш нижней линии. Напомню, что клавиатуру я подразделяю на группы (группа букв, группа знаков, группа цифр и т.д.), а сами группы – на линии (или ряды) клавиш. Группа букв состоит из трех линий (на которых есть буквы): верхней, горячей (опорной) и нижней. В русской раскладке есть одна буква (ё) также на линии знаков. Но в английском языке куда меньше букв, поэтому все они успешно поместились на трех линиях и даже осталисьсвободные места, которые теперь занимают различные знаки:

на верхней линии – квадратные скобки и наклонная линия с наклоном влево ([ ]\), а с Shift – фигурные скобки и вертикальная линия ({ }|)

на горячей линии – точка с запятой и одинарная кавычка (;’), а с Shift – двоеточие и двойная кавычка (:”).

На нижней линии – запятая и точка (,.), а с Shift - наклонная линия с наклоном вправо, а также знаки «меньше», «больше» и знак вопроса (/ <>?).

Итак, в конце верхней линии – три клавиши со знаками, в конце горячей линии – две клавиши со знаками и наконец в конце нижней линии – три клавиши со знаками.

Это было небольшое повторение.

Как я уже говорил, при нажатой Shift нижняя линия выглядит так: ShiftZXCVBNM<>? Shift

После буквы М мы видим нечто ромбоподобное. На самом деле это два знака: «меньше» и «больше». Просто между ними нет пробела и поэтому они соединились и образовали известную нам со школы геометрическую фигуру ромб. Далее идет вопросительный знак (напомню, что клавиша Shift должна быть нажатой). Чтобы запомнить, что за этими знаками следует клавиша с вопросительным знаком, можно применить следующий мнемоприем: ромб? То есть, я просто спрашиваю: ромб? И в этом вопросе притаились целых три клавиши, следующие друг за другом: знак «меньше», знак «больше» и знак вопроса.

Еще один мнемоприемчик для нижней линии: Zxcvbnm – в загс (ZXC) вдвоем (V) с «Бони М». Да, ни меньше, ни больше! О, как раз, за этим и следуют знаки «меньше» и «больше» (при нажатой Shift). Здорово? Да, я задал вопрос: здорово? Как раз, после знаков «меньше» и «больше» - знак вопроса.

Теперь перейдем к набору. "Z" набираем так же, как печатали русское «Я»: сгибая "опускаем" мизинец, на клавишу Z (движение мизинца при этом – вниз и чуть вправо).

Далее, английскую букву «X» печатаем так же, как русское "Ч" (безымянным).

Английское «С» набираем левым средним пальцем, так же, как русское «С». Кстати,хорошее совпадение, что и русская, и английская буквы «С» находятся на одной и той же клавише.

Буквы «V», «B» и «N» набираем также, как русские «М», «И» и «Т» (левым ("v", "b") и правым ("n")указательными пальцами).

Еще мнемоприем: русский мягкий знак (Ь) и английская буква «M» - на одной и той же клавише. Как раз название мягкого знака начинается с «м». Итак, английское «M» набираем так же, как набирали русский мягкий знак: движением (сгибанием) правого указательного пальца вниз вправо.

Запятую, точку и наклонную линию (,./, а с Shift<>?) набираем как русские «б», «ю» и точку.

Итак, русская точка соответствует английской наклонной линии. И напрашивается следующий мнемоприем (для запоминания этого соответствия): когда русские ставят точку (.), англичане еще лезут в гору (/).

Но вот со знаком «больше» и буквой «б» вышла неувязочка. Знак «больше» (в английской раскладке) лучше бы поместили на клавишу с буквой «б», потому что название знака начинается с «б». Но нет, его поместили справа от «б». Но тоже неплохо, правда? Ведь не слишком далеко ушел знак «больше» от первой буквы своего названия. Итак, буква «б» находится, вопреки логике, не со знаком «больше», а рядом, со знаком «меньше».

А на клавише "б" – обратный знак (при английской раскладке), то есть знак "меньше".

Ну что ж, пора перейти к линии знаков.

Линия знаков: `1234567890-= Backspace (клавиша удаления справа налево).

Линия знаков при нажатой Shift: ~ ! @ # $ % ^ & * () _ + Backspace

Вот мы и нашли собачку (@), которая используется в адресах электронной почты. Собачка находится на линии знаков, на клавише с цифрой «2» (но у меня она – на клавише с русской "Э"). Итак, без Shift с помощью этой клавиши мы набираем двойку, а с Shift (если включена английская раскладка) набираем собачку. Но оставим собачку в покое и пойдем дальше. Расположим русское и английское соответствия линии знаков друг под другом.

Без Shift:

ё 1 2 3 4 5 6 7 8 9 0 - = Backspace

` 1 2 3 4 5 6 7 8 9 0 - = Backspace

А теперь с Shift:

Ё ! » № ; % : ? *() _ + Backspace

~ ! @ # $ % ^ &* () _ + Backspace

Как видим, некоторые знаки совпадают в русской и английской раскладках. Совпадающие знаки: ! % * ( ) _ +

Теперь приведем мнемонические сравнения, соединяющие в одно предложение знаки и цифры на одной и той же клавише при русской и английской раскладках (с Shift).

Первая клавиша: Ё ~

Мп (мнемоническое предложение): Ё-мое, как хорошо он плавает ~

Вторая клавиша: ! ! 1

Мп: Да, восклицательный знак – он и в Англии восклицательный знак. Или: англичане сердятся почти также (!) как русские (!).

Третья клавиша: « @ 2

Мп: две 2 собачки @ с острыми намордниками «

Четвертая клавиша: № # 3

Мп: за этот номер № можно трижды 3 загреметь за решетку #

Пятая клавиша: ; $ 4

Мп: да, точку ставить еще рано, лучше поставить точку с запятой; ведь нам надо еще деньги $ получить, четыре 4 доллара.

Шестая клавиша: % % 5

Мп: в Англии мы работали за те же 5 %, что в России.

Седьмая клавиша: : ^ 6

Мп: двухэтажный дом : из шести 6 крыш ^

Восьмая клавиша: ? & 7

Мп: Вопросительный знак ? и знак & (его название - Амперсанд) действительно чем-то похожи, так что неудивительно, что они находятся на одной клавише. На этой клавише находится также цифра 7, которая также имеет сходство с этими знаками. В общем, тройняшки: 7 ? &

Девятая клавиша: * * 8

Мп: выпал снег * в Англии и в России. На этой клавише также цифра 8, которая получится, если одну снежинку * положить на другую 8.

Десятая и одиннадцатая клавиши: (( ))

Мп: скобки у нас с англичанами также одинаковые. И находятся они на клавишах с цифрами 9 и 0. Цифра 9 близка к завершению или к закруглению, поэтому на этой клавише открывающаяся скобка. А цифра 0 – это уже конец, поэтому на этой клавише – закрывающаяся скобка.

Двенадцатая и тринадцатая клавиши также одинаковые: _ _ + +

Ну и завершает линию знаков клавиша Backspace, которая удаляет символы справа налево (а удалением слева направо занимается клавиша Delete).

Что ж, и со знаками покончено. Перейдем к практической части. Впрочем, практика была и до этого, но теперь я предлагаю Читателю заняться одним только набором (на английском и русском) и редактированием. Я приведу фрагмент из моей рукописи «Англо-русский мнемонический словарь» (кстати, жду не дождусь, когда она выйдет в свет вместе с «немецко-русским мнемоническим словарем»).

Этот набор поможет Вам развить навык печати на русском и английском языках, а также навыки редактирования и быстрого перехода от одного языка к другому.

Итак, набираем (да, чуть не забыл: да не прогневается на меня Читатель за своеобразный юмор, который встретится в словаре).

Babble (бэбл) – журчать, лепетать; журчание, бормотание, лепет. Мп: *лепет****бабы*** ***был*** с *журчанием*.

Back (бэк) – спина. Мп: нести ***бак*** на *спине*.

Bargain (б`а:гин) – сделка, торговаться. Мп: *торговаться* статуетками ***богинь***.

Bark (ба:к) – лаять. Мп: *лает* собака на ***барк***асе.

Bear (б`эйэ) – выдержать, переносить. Мп: ***бей, а*** я *выдержу*.

Barely (бэйэли) – едва, только, чуть не. Мп: *только* в ***баре ели****едва*, *чуть не* подавились.

Beater (б`и:тэ) – загонщик. Мв: ***битый****загонщик*.

Because (бик`оз) – из-за. Мп: *из-за* двух (***би) коз***.

Beg (бег) – умолять. Мп: *умоляю* учесть мой ***бег***.

Best (бэст) – лучший. Мв: *лучшая****бест****олочь*. *Лучший*, по ***бест***олковый.

Believe (бил`и:в) – верить. Мп: *верить*, что ***были в***... *Верю*, что меня ***били в***...

Bell (бэл) – колокольчик. Мп: *колокольчик* на двух (ll) ***бел***ках.

Belly (б`эли) живот, желудок. Мв: ***белый****живот* и *желудок*.

Below (бил`эу) – ниже, внизу. Мп: это ***было****ниже*, *внизу*.

Beneath (бин`ис) – ниже. Мп: ***би***ть ***низ***ко, ниже.

Bite (байт) – кусать. Мп: ***байт*** информации не будет *кусать*.

Bitter (б`итэ) – горький. Мп: *горькая* карта ***бита***.

Blab (блэб) – болтать. Мп: ***было б*** о чем *болтать*.

Blood (блад) – кровь. Мп: о***блад***ать *кровью*. Каждый о***блад***ает *кровью*.

Blossom (бл`осэм) – цветение. Мп: ***блуз***ки ***сом***нительное *цветение*.

Blush (блаш) – краска, румяна, краснеть. Мп: я почувствовал ***блаж*** и стал *краснеть*.

Body (б`оди) – тело. Мп: ***бод****л****и***вое тело хочет сво***боды***.

Bore (бо:) – скучать. Я пошел в сосновый ***бор*** и стал *скучать*. Пойти к ***Боре*** и *скучать*.

Bonds (бондз) – узы. Мп: ***Бонд з***акован в *узы*.

Bow (бау) – кивать. Мп: *кивать* после удара шлаг***бау***ма.

Brain (бр`ейн) – мозг. Мв: ***брен***ный *мозг*.

Bramble (бр`эмбл) – ежевика. Мп: ***бр***енный ***амбал*** собирал *ежевику*.

Branch (бренч) – ветка. Мп: *ветка****бренч***ит.

Breath (брес) – дыхание. Мп: ***брез***гать *дыханием*.

Brake (брэйк) – чаща, кустарник; тормоз, тормозить. Мп: *Тормозить****брак*** в *чаще* и *кустарнике*.

Brand (брэнд) – клеймо, сорт; клеймить. Мп: клеймо на ***бренд***и. *Клеймитьсорт****бренд***и.

Brainy (брэйни) – умный. Мп: ***бренный***, но *умный*.

Brim (брим) – край, поля (шляпы), наполняться до краев. Мп: *поля* и *края* (шляп) ***брем***енских музыкантов *наполнились до краев*.

Brisk (бриск) – живой, проворный, оживленный (о торговоле), свежий (о ветре). Мп: ***б***ыл ***риск***, но теперь он *проворный, живой*, торговля *оживленная* и ветер *свежий*.

Brow (брау) – лоб; край (пропасти), выступ (скалы). Мп: ***бров***ь на *краюлба*. ***Бров***ь с *выступом*.

Browbeat (брауби:т) – подавлять, запугивать. Мп: подавлять и запугивать ***бров***и ***бит***ые.

Brown (бр`аун) – коричневый, бурый. Мп: *коричневый****браун***инг.

Brush (браш) – кисть. Мп: *кисть* о***бруш***илась (на меня). ***Б***а***раш***ек рисует *кистью*.

Bruise (бру:з) – синяк, ушиб. Мп: синяк, ушиб от удара ***брус***а из-за ***Брюс***а.

Brutal (бру:тл) – грубый. Мп: *грубый*, то есть ***брутал***ьный.

Brute (бру:т) – животное, скотина. Мп: ***брут***альное (грубое) *животное*, *скотина*.

Burn (бэ:н) – гореть, жечь, иссушать. Мв: ***бурн***о *гореть* и *иссушать*.

Bury (бэри) – хорогить, прятать. Мп: *прятать* от ***бури***.

Bump (бамп) – удар, шишка, стукнуть, удариться. Мп: *шишка* от *удара****бамп***ера. *Удар****бамп***ера. *Стукнулудар****бамп***ера и – *шишка*, *опухоль*.

Bumble-bee (бамблби:) – шмель. Мп: ***бум был бе***зумный из-за *шмеля*.

Butler (б`атлер) – дворецкий. Мп: ***Батлер*** – чай для *дворецкого*.

Bun (бан) – булочка. Мп: ***бан***ан с ***бан***тиком на булочке.

Bundle (бандл) – узел, связка, связывать в узел, отсылать. Мп: *связывать* и *отсылать****банд***у ***ле***нивых *узлов*.

Burden (бэ`:дн) – ноша, нагружать. Мп: *нагружатьношу****бурд***ой весь ***ден***ь.

Burglar (б`э:глэ) – взломщик. Мп: взломщик – ***бург***омистр ***лар***ька. *Взломщик* все делает ***бегло***.

Bush (буш) – куст. Мп: ***Буш*** спрятался за *кустом*.

Busy (б`изи) – занятой. Мв: ***безу***мно *занятой*. *Занятой****безу***мец.

But (бат) – но, однака. Только лишь. Мп: но, однако, – ***бут***ылка, только лишь ***бут***ыль.

Buy (бай) – покупать. Мп: *покупать*, затем спать (***бай***).

Buzz (баз) – экипаж, гудеть. Мп: *экипаж гудел* на ***баз***е.

By (бай) – около, посредством, рядом. Мв: около ***Бай***кала. *Посредством****бай***ки. *Рядом* с ***Байколом***.

Bystreet (б`айстри:т) – переулок. Мп: *переулок* рядом (***бай***) с улицей (***стрит***).

Bucket (бакит) – ведро. Мп: *ведро* с ***букет***ом. ***Букет****ведер*.

Buckle (бакл) – пряжка. Мв: *пряжка* с ***букл***етом.

Bud (бад) – почка. Мп: *почка****буд***ет распускаться. ***Буд***ут *почки*.

Bug (баг) – клоп, насекомое, жук. Мп: жук с ***буг***ром и ***баг***ажем. ***Буг***ристое *насекомое*. *Клоп* с *насекомым* из ***баг***ажника.

Bulb (балб) – луковица, электрическая лампочка. Мп: у ***Бульб***ы – *луковица*, а у ***балб***еса – *эл. лампочка*.

Bumpy (б`ампи) – неровный (о дороге). Мп: *неровный****бампе***р (из-за дороги).

Bow (бау) – кланяться, наклоняться. Мп: *наклониться*, чтобы взять ***бау***л (большую сумку).

Bow (боу) – лук, радуга, смычок. Мп: *радуга, лук и смычок* играют в ***боу***линг. Лук, смычок, бант – и все ***б/у***шное.

Bow (боу) – нос корабля. Мв: ***бо***льшой нос корабля.

Boy (бой) – мальчик. Мп: *мальчика* не взяли в ***бой***.

Bunk (банк) – койка; удирать. Мп: *койка* в ***букн***ере. *Удирать* с *койкой* из ***бунк***ера. *Койка* в ***банк***е. *Удирать* из ***банк***а. *Удирать* с *койкой* из ***банк***а.

Buckle (бакл) – пряжка; застегивать пряжку, сгибать, гнуть, сгибаться, приниматься (за дело). Мп: ***бак***а***л***авр застегнул пряжку на ***букл***ете и *принимается* за то, чтобы *гнуть* и *сгибать*.

Bure (б`айэ) – коровник. Мп: *коровник* для ***бура***тино.

Buzz (баз) – жужжание, жужжать; слух, молва. Мп: *слух* о двойном (zz) *жужжании* на ***баз***аре.

Bypass (б`айпа:с) – обход, обходить. Мп: обход, обходить ***бое***при***пас***ы.

Если Вы набрали все эти мнемонические глупости, то можно сказать, что у Вас уже сформировался навык печати на английском языке и развился навык печати на русском, а также навык быстрого перехода с русского на английский и наоборот. К этому прибавим еще не менее важный навык редактирования и получится весьма серьезное достижение. Ну а я между тем перехожу к заключительному абзацу этой «английской главы».

Ну вот и поговорили о скоростной печати на английском и попечатали немножко. Принципы печати на всех языках те же самые, так что Читатель может установить нужный ему язык и запоминать расположения клавиш, а также упражняться в наборе (по принципам, изложенным в этой книге), чтобы выработать навык скоростного набора на данном языке. А я на этом заканчиваю эту главу. Goodby! Впрочем, я мог бы уйти по-английски, ничего не сказав на прощанье.

Zehnfingersystem auf Deutsch

Поскольку эта книга написана... Постойте, она ведь еще пишется. Так, попробую с новой строки.

Так как эта книга пишется для тех, кто хочет овладеть десятипальцевой печатью не только на русском и английском, но еще и на немецком языке, то, согласно законам логики, в ней должна быть глава о Zehnfingersystem (zehn – 10, Finger – палец, System – система).

Естьещеназвания "Tastschreiben", "Maschinenschreiben am PC", "Tastaturschreibung". Но название "Zehnfingersystem" ясно показыает что – именно десятью пальцами, а не просто печать на клавиатуре (хотя остальные названия также подразумевают именно десятипальцевую печать).

Сразу скажу, что для достижения успеха в немецкоязычных странах - очень важно владеть этим навыком, ибо это стало теперь стандартом.

Постараюсь приводить в скобках (и не только) немецкие переводы (названий клавиш (Tasten), терминов, понятий и т.п.), связанных с немецкой десятипальцевой печатью (из названия главы видно, что я уже стараюсь в этом направлении). Причем слово в скобках будет стоять (или сидеть) в том же числе (единственном или множественном), что и соответствующее русское слово.

Если вдруг понадобится лупа немецкого производства, то вот она: Bildschirmlupe – экранная лупа.

- А вы не скажете, как пройти к экранной лупе?

- Конечно. Сначала идете по Start, затем сворачиваете к AlleProgramme, и потом через Zubehör пападаете кEingabehilfen, и оттуда прямиком к Bildschirmlupe).

А если захотим поменять дизайн (правая кнопка мыши в области "рабочего стола"и потом давим на "свойства"): Bildschirmschoner (вкладка в диалоговом окне свойств рабочего стола. Еще одна вкладка – Darstellung, связанная с оконным дизайном).

Что ж, стартую по-немецки. Для этого мне нужна немецкая кнопка: Schaltfläche. Наводим стрелку мыши на кнопку «Start» и всплывает подсказка: «KlikenSiehierzumstartenaufdieseSchaltfläche».

Итак, перед нами – госпожа клавиатура (Tastatur), с помощью которой мы и научимся творить чудеса печати на компьютере (Computerschreiben) всеми пальцами.

Zehnfingersystem позволяет не терять время (Zeit), отвлекаясь с экрана (Bildschirm) на клавиатуру (Tastatur), а также еще и на бумагу (если переписываем с нее). А экономия времени в развитых странах имеет важное значение.

Итак, Zehnfingersystem начинается с ориентировочных клавиш (Orientierungstasten) F и J (соответствуют русским "А" и "О"). На них есть выступы, небольшие так сказать бугорочки (Erhebungen).

Вот на эти две клавиши и " приземляются" два наших указательных пальца (Zeigefinger). Такая же клавиша ("5") есть в группе цифровых клавиш (Ziffernblock) для среднего пальца (Mittelfinger).

А вот и все немецкие пальцы:

– Daumen - Большой

- Zeigefinger - Указательный

- Mittelfinger - Средний

– Ri´ngfinger - Безымянный

- kleiner Finger – Мизинец

А вот и клавиши для пальцев:

Левые:

Daumen (большой): Leetaste (пробел)

Zeigefinger (указательный): 5 6 r g t f v b

Mittelfinger (средний): 4 e d c

Ringfinger (безымянный): 3 w s x

kleiner Finger (мизинец): ^ 1 2 q a y Tab Caps Lock Shift Ctrl

Правые:

Daumen (большой): Leetaste (пробел)

Zeigefinger (указательный): 8 7 uzjhnm

Mittelfinger (средний): 9 i k , (но лично я грешным делом набираю немцкую запятую безымянным пальцем, направляя его вниз-влево, в чем каюсь уже который год, но измениться не могу)

Ringfinger (безымянный): 0 o l . (немцкую точку я набираю мизинцем, тем самым навлекая на себя гнев установившихся вековых традиций слепой печати методом строго установленных границ)

kleiner Finger (мизинец): ß ´ p ü + # ö ä - а также BackspaceEingabe (то есть Enter) ShiftCtrl, а при желании также клавиша контекстного меню (на нее при желании может нажать и безымянный палец, при этом вся кисть переместится к себе и чуть вправо).

С пальцами получилась классическая история (закон подлости и тут нашел себе работу): самые маленькие - выполняют самую большую работу. Мизинцы крутятся как белки в колесе. А вот *большим*-крупно повезло! Типичная картина жизни, товарищи! Не нравится мне эта система, не нравится! Выхожу из нее:

Abmelden (Logout) – кнопка в меню пуск (вызывает Windows-Abmeldung), связанная с выходом из системы; при ее нажатии перед нами предстают две кнопки (при этом экран становится черно-белым, как в старые-добрые времена): Benutzerwechseln (смена пользователя) и Abmelden (Выход). А чуть ниже – кнопка Abbrechen (Отменить), на которую я и нажимаю, потому как мне надо писать дальше.

Не помню уже, сколько раз это говорил (сбился со счету), но еще раз скажу, что клавиатуры бывают разные, поэтому могут быть некоторые несовпадения (которые, впрочем, большой роли не играют).

И еще не побоюсь сказать, что некоторые отступления от общепринятых норм – тоже могут иметь место. Так получилось, к примеру, что я набираю немецкую точку не безымянным пальцем, а мизинцем, и перестраиваться вроде бы не хочу, мне и так удобно, привык.

Однако вначале лучше все-таки придерживаться правил (которые существуют для того чтобы их... менять).

Кстати, как не заблудиться в немецком компьютере? А то ведь потом дорогу домой не найду.

Все программы собраны здесь: "(Alle)Programme" – Все программы (в меню Пуск). Смотря какая операционная система установлена, могут быть различия в названиях в меню Пуск.

- А немецкие клавиши?! – возмутился Читатель. – Немецкие клавиши давай!

- Ок. Даю.

Tastenkombination - горячие клавиши (сочетания клавиш)

Leertaste – клавиша пробела

Steuerungstaste или Steuerung-Taste (а также Strg-Taste) – клавиша Ctrl

Umschalttaste - Shift

Num-Taste - NumLock

Kontextmenü-Taste – клавиша контекстового меню

Rollen-Taste - Scroll Lock

Alt-Taste - Alt

Entfernen-Taste (Entf) - Delete

Funktionstasten – функциональные клавиши (F1 - F12)

Alt Graph (или Alt Cr)

Tastaturbelegung - раскладка клавиатуры

Pfeiltasten (Kursortasten) – клавиши сострелками

Ziffernblock – цифровой блок

Druck-Taste - Print Screen

Windowstaste – клавишасэмблемой Windows

Ладно, хватит, в приведенном в этой книге словаре этого добра хватает, причем на трех языках: ru-en-de.

Еще немного общеукрепляющей инфорамции:

Eingabehilfen – особые возможности. Start – Alle Programme – Zubehör – Eingabehilfen. Тамнаходятся: Bildschirmlupe (экраннаялупа), Bildschirmtastatur (экраннаяклавиатура), Eigabehilfen-Assistent, Hilfsprogramm-Manager.

Ну а если я вдруг захочу уничтожить эту рукопись полностью, то мне надо будет сначала "выделить все": "allesMarkieren" (Strg + A). Сейчас я пока еще могу это сделать, но когда книженция будет издана, то – пиши пропало.

^ 1 2 3 4 5 6 7 8 9 0 ß ´´ Backspace

° ! " § $ %& / ( ) = ? `` Backspace

Двойное нажатие на последнюю клавишу перед Backspace - дает два знака ударения, а с нажатой Shift эти два знака меняют направление ``. А долгое нажатие включает режим непрерывного набора знака ударения. Такая же канитель – с первой клавишей этого ряда: долгое нажатие – непрерывный набор ^^^^^^^^^^, а двойное нажатие – набор двух ^^.

Придумаем мнемоприемы для запоминания соответствий (то есть - знаков сначала без, а потом с Shift).

^° крыша под луной

1! единица! – угрожающе сказала русская учительница ученику и ласкового сказала немецкая учительница ученику.

3§ три параграфа в этой главе

4$ четыре доллара в кармане

5% пять процентов за эту книгу – очень мало

6& шесть и...

7/ семерка хочет облокотиться о дробную черту

8(левая часть восьмерки состоит из двух открывающихся скобок друг под другом

9) правая часть девятки похожа на закрывающуюся скобку

0= ноль имеет что-то общее с равенством.

´´`` а после нуля уже все равно в каком направлении ставить знак ударения.

Идем дальше, изучая клавиши немецкого буквенного ряда.

Верхний:

qwertzuiop ü + #

QWERTZUIOP Ü * '

Средний:
asdf gh jklö ä Enter
ASDF GH JKLÖ Ä Enter

Нижний:
Shift yxc vbn m , . - Shift
ShiftYXCVBNM ; : _ Shift

Нулевой (он бывает разный):
CtrlWindowsAltLeertaste(AltCr) (Windows)Menü-tasteCtrl

Так, ну что ж, поехали. Ехать или нет – выбор за нами. Выбор - Auswahl, подбор (Мышь, вкладка Zeiger).

Эта книга состоит из теоретической и практической частей, и мы продолжим эту старую и добрую традицию - и в этой главе, то есть – поупражняемся. Ибо просто передавать знания –одно, а вот научить все это делать – совсем другое (более важное).

Ограничимся пока что немецкой горячей линией:
Caps Lock asdf gh jklö ä Enter
снажатойклавишей Shift: Caps Lock ASDF GH JKLÖ Ä Enter

Achtung! Achtung! Пальцы (все кроме больших) - на исходную позицию (asdfjklö), печатаем:
правыми мизинцем и безымянным слово Öl (масло):
Öl Öl Öl Öl Öl Öl Öl Öl Öl Öl Öl Öl Öl Öl Öl Öl Öl

Пауза. Что делать, если нужна помощь:
HilfeungSupport – Помощь и поддержка (меню Пуск).
Все, хватит мне торчать в интернете (ImInternetsurfen – быть ("сидеть", "бродить", "торчать") в интернете), работаем дальше.

Теперь медведя распечатаем (Bär). Стоп! А ведь немецкие существительные пишутся с большой буквы (так сложилось исторически и теперь ничего с этим не поделаешь). Клавишей Schift мы уже умеем пользоваться. Поскольку букву "b" набирает *левыйуказательный*, то придется воспользоваться правой клавишей Schift.

BärBärBärBärBärBärBärBärBärBärBärBär

А зачем нам ограничиваться горячей линией, если мы, собственно говоря, уже умеем ею пользоваться на русском и английском языках? Незачем. Я это к тому, что неплохо было бы отделять слова запятыми.

Печатают левые *указательный* (G), мизинец (a) и *безымянный* (s), слово Gas (газ), отделяя слова запятой (она соотвествует русской клавише "б") и пробелом (которым мы уже научились пользоваться).

Говорят, что на пробел лучше нажимать левым большим пальцем, если предыдущий символ был напечатан правой рукой, и наоборот. Однако, этовсежеделопривычки.

Gas, Gas, Gas, Gas, Gas, Gas, Gas, Gas, Gas, Gas,

Если мы забыли написать немецкое существительное с большой буквы, то это будет равносильно грамматической ошибке, поэтому надо быть внимательным. Набираем Klo (туалет) правым средним (K) и правым безымянным(lo). Таким образом мы выходим за рамки горячей линии и пользуемся также немецкой верхней линией:

Tab qwer tzu uiop ü+#
Tab QWER TZU IOPÜ Ü*'

Klo, Klo, Klo, Klo, Klo, Klo, Klo, Klo, Klo, Klo,

Ну вот, теперь можем и в туалет сходить. Для этого придется воспользоваться горячей, верхней и нижней линиями.

Ich gehe aufs Klo (я иду в туалет)

Ich gehe aufs Klo Ich gehe aufs Klo Ich gehe aufs Klo

Ладно, хватит уже. Тут не хватает точки. Немецкая точка совпадает с русской "ю" (в смысле, одна и та же клавиша набирает их).

Поскольку я прославился именно мнемоприемами, то предлагаю запомнить все это дело таким вот образом: "да*ю* немецкую точку". То есть, буква "ю" в слове "даю" напомнит, что в немецком - эта клавиша набирает точку. А с нажатой Shift – двоеточие.

Даю просветительскую паузу.

Byte – Байт (8 Bit). 1024 Byte - 1 Kilobyte (KB), 1024 KB - 1 Megabyte (MB), 1024 MB - 1 Gigabyte (GB), 1024 GB – 1 Terabyt (TB).

И еще:

bps – Bit pro Sekunde

kbps – Kilobit pro sekunde (kbps – 1000 bps)
Mbps – Megabit pro sekunde (1000 kbps)

Идем дальше.

Вообще, немецкая "клавиатура" (в смысле набора букв) не сильно отличается от английской. Последнюю мы уже прошли, так что здесь, в этой главе, остается затронуть совсем немногое, ибо немецкий алфавит – этот тот же английский плюс несколько так называемых умлаутов (ä, ö, ü) и очень острая буква ß, чем-то похожая на вопросительный знак. Что, не похоже? Так и знал, что я смотрю на мир иначе. Но все-таки там есть перевернутый вопросительный знак, как бы встроенный в эту букву (печатную). Я это к чему? А к тому, что большой (заглавной) такой буквы нет, а с нажатой Shif эта клавиша дает именно вопросительный знак. Что ж, эта история - неплохой мнемоприем, с помощью которого мы запомним, что буква ß и знак вопроса – на одной и то же клавише, до которой дотягивается правый мизинец, простираясь вперед на расстояние двух клавиш.

Что ж, набравшись опыта, набираем:

Gehst du aufs Klo? Ja, ich gehe aufs Klo. Gehst du aufs Klo? Ja, ich gehe aufs Klo.

Переключаюсь на *русский* и вижу, что *русская точка* дает мне в *немецкой раскладке*знак "дефис" (а с Shif – подчеркивание, шифт минус (_).

Не буду здесь заново повторять как достигать той или иной клавиши, поскольку мы это уже знаем и умеем - из предыдущих глав. Тут нам надо лишь знать, какая немецкая буква или знак соответствуют данной русской букве или знаку. А "нажимать" на данную клавишу (достигать ее моторно) мы уже научились.

Итак, горячая линия – почти та же что в английском, с небольшой разницей под правым мизинцем (ö) и справа от него (ä). Еще один умлаут (ü, соответствует русской клавише «х») также достался правому мизинцу (ему для набора нужно лишь "пойти" по диагонали вперед-вправо, на одну клавишу).

А вот и разница:
CapsLockasdfghjklö ä Enter (с Shift (только буквы): ASDFGHJKLÖ Ä).

Важно запомнить asdf и jklö, ибо они находятся под четырьмя левыми и четырьмя правыми пальцами (кроме больших пальцев, восседающих на длинной клавише пробела). Вопрос только в том, как запомнить. Надо придумать сравнение. Кстати, тот же туалет (Klo) в несколько модернизированной форме (Klö) находится и здесь, прямо на клавиатуре справа. Вот и запомнили. Все остальное в исходной позиции – то же что в английском.

Еще одна пауза, во время которой мы узнаем о некоторых удобствах работы:

Taskleiste – панель задач. Наводим мышиную стрелку на панель задач, делаем правый мышиный клик - и открывается контекстное меню (не везде оно одинаковое): Symbolleisten; Überlappend; Untereinander (нажимая на это, два моих открытых окна оказываются друг под другом); Nebeneinander (при этой команде два открытых (не свернутых) окна оказываются рядом друг с другом); Desktopanzeigen (при этой команде все окна сворачиваются, чтоб был показан рабочий стол, ведь именно так переводится команда: «показать рабочий стол»), а при свернутых окнах вместо этой команды имеем вот эту: „GeöffneteFensteranzeigen“, которая разворачивает свернутые окна); TaskMeneger (он вызывается также нажатием клавиш Strg + AltGr +Del); Tasleistefixieren (если поставить тут галочку, то панель задач нельзя будет перетаскивать с помощью мыши, (как часто делает моя маленькая дочка)); Eigenschaften (свойства).

А теперь о разнице в верхней линии:
qwertzuiop ü+#

Прежде всего бросается в глаза отсутствие буквы "y" (английской "уай" и немецкой "упсилон"). Немцы убрали ее на в нижнюю линию, а на ее место посадили "z" (английское "зэт" и немецкое "цэт"), так как в немецком – эта буква используется куда чаще чем в английском.

Затем на верхней линии все опять по-старому (uiop), после чего – буква ü, о которой мы уже говорили. Ну и наконец знак плюс (+, соответствующий в русской раскладке твердому знаку (ъ)), и решетка # (сейчас у меня клавиатура, где после ü - только клавиша (+) и потом - Enter). Чтобы моторно запомнить место решетки, печатаем (переключаясь с русского на немецкий и наоборот):

Сижу за # в темнице сырой. Сижу за # в темнице сырой

А чтобы запомнить (моторно запомнить, то есть – научится неглядя печатать этот знак) "+", займемся математикой:
1+1, 1+1, 1+1, 1+1, 1+1, 1+1, 1+1, 1+1, 1+1, 1+1, 1+1

Единица там же, на старом месте, на линии знаков (и заодно цифр). А вот слева от нее – русская буква "ё". И немецкие знаки ^^ и °. Говоря «немецкие знаки», я имею в виду «знаки на немецкой клавиатуре».

Имя этому знаку – циркумфлекс (анг. Circumflex, нем. Zirkumflex). Ему бы в цирке с Флексом работать.

Что интересно, при быстром однократном нажатии ничего не печатается. Надо или дважды нажать, или нажать и удерживать: ^^^^^^^^^^^^^^^^^^^^^^^^^^^^^^^^ (нет уж лучше вовремя отпустить). Если нам нужна только одна крыша ^, то нажимаем дважды (^^) и потом просто убираем (с помощью Backspace) лишнюю.

А с нажатой Shift эта клавиша дает градус (в собачий холод градус не помешает).

Да, что-то похожее на знак градуса по Цельсию: ° (немецкое название этому знаку – Gradzeichen, то есть – знак градуса. При русской раскладке его можно набрать с помощью такой комбинации: Alt + 0176 из группы цифр).

Сегодня такая жара была, а именно: 35°. Лучше б было 30°.

Далее идут цифры с прикрепленными к ним знаками. Короче, вот она, линия знаков:

^ 1 2 3 4 5 6 7 8 9 0 ß ´ Backspace (запоминаем так: все цифры – под одну крышу, чтобы потом с помощью острой буквы ß (scharfes ß) заострить их и превратить в знак ударения´ ; вот такая вот баклажанная спесь (Backspace)). Конечно, ерунда, но запоминается отлично.

С нажатой Shift:

° ! " § $ % & / () = ? ` Backspace (запоминаем вот как: градус (°) утвердил (!) меня в том, что этот так называемый в кавычках ("") параграф (§) – не что иное как отмывание денег с большими процентами (%) и уклонение от налогов, что приведены в скобках (()), а это приводит (=) к вопросу от том, а нужно ли было ставить на все это ударение (`).

Знак ударения, что интересно, сначала притворяется невидимым, и появляется лишь после нажатия на пробел. Это если один раз нажать на эту клавишу слева от Backspace. Но если нажать дважды, то получим ´´, а если нажать и удерживать, то: ´´´´´´´´´´´´´´´´´´.

Еще один хороший мнемоприем, который поможет не забыть, что русская "ё" и немецкий градус – на одной и той же клавише:

Ё-моё, какой °! ё-моё, сколько же тут °-ов?

Кстати, немецкий пес – не на линии знаков, а ниже, на верхней линии, на клавише "q". Но для его набора, перед тем как нажать на "q", нужно нажать и удерживать правую клавишу Alt.

Но немцы называют это не собакой, а – "Эт".

@@@@@@@@@@@@@@@@@@@@@@

Что-то от этой собаки запахло интернетом. Так и быть, хроническая веб-пазуа:

Chronik - … . ВФирефоксChronik: *Gesammte Chronik anzeigen (Strg + Umschalt + H); Vorherige Sitzung wiederstellen; Kürzlich geschossene Tabs; Kürzlich geschossene Fenster)*

А вот что творится в Фирефокс в меню Extras: *Downloads (Strg + J); Add-ons (Strg + Umschalt + A); Sync einrichten; Web Entwikler; Seiteninformationen; Privaten Modus starten (Strg + Umschalt + P); Neuste Chronik löschen (Strg + Umschalt + Entf); Einstellungen.*

Да, тут немало комбинаций клавиш, однако (у меня, кстати, для них целая глава припасена).
Кстати, горячие клавиши экономят время, так как не отвлекаешься каждый раз на мышку.
А эти мышей столько, что времени на них потеряешь порядочно.

Maus – Мышь (компьютерная)(Kugelmaus – шариковая мышь, optischeMaus – оптическая мышь, Lasermaus – лазерная мышь). Если нажать на «Мышь» (она на "Панели управления"), то откроется диалоговое окно (EigenschaftenvonMaus – Свойства мыши) с вкладками: Tasten (клавиши мыши); Zeiger (указатель); Zeigeroptionen; Rad (колесико); Hardware. Во вкладке Tasten можно поменять скорость двойного клика (Doppelklickgeschwindigkeit), установив в нужном месте между Langsam (медленно) и Schnell (быстро). В конце надо нажать на Übernehmen (Применить), чтобы изменения вступили в силу. Слева от «Применить» - еще две кнопки: Ok (это нам знакомо) и Abbrechen (Отменить). Что я и делаю, чтобы перейти к основной теме.

Одно из моих упражнений в русской раскладке (набираем "я не", потом переключаем язык на немецкий, набираем собаку, ставим запятую, и потом все повторяется):
Я не @, Я не @, Я не @, Я не @, Я не @, Я не @, Я не @,
Если бы и немцы называли этот знак собакой, то можно было бы набирать:

Ich bin kein @, Ich bin kein @, Ich bin kein @, Ich bin kein @,

Так, мне надо кое-что открыть: Datei öffnen (Strg + O). Все, продолжаем урок.

А вот и нижняя линия:
Shift y x c v b n m , . – Shift
С нажатой Shift (только буквы и знаки): YXCVBNM ; : _

Кстати, а как насчет развития навыка переключения с одного языка на другой? Я установил у себя так, чтобы язык менялся одновременным нажатием на Ctrl и Shift (так мне удобнее, чем при Shift + Alt).
В главе об английской печати мы неплохо развили русско-английский навык. Я привел фрагмент из моего знаменитого англо-русского мнемословаря. И я не остановлюсь на достигнутом и сделаю то же самое с немецким.

Набираем. Нет, стоп. Надо застраховаться. В этом словарике Вы встретитесь с множеством невероятных глупостей (я их называю мнемоническими), но не удивляйтесь. Эти глупости работают (а важно как раз то, что работает), поэтому я их и применяю. И в свое время удивлял сокурсников запоминанием (в том же порядке) больших списков слов – именно благодаря этим глупостям. Вот теперь поехали (фрагмент из моего немецко-русского мнемонического словаря).

Я имел в виду, после паузы:

Übersetzer – Переводчик (электронный, в интернете).В сети есть разные переводчики, могущие сослужить неплохую службу изучающим язык. Если включим переводчика Google, то там найдем мы кроме прочего две кнопки 1) Von: Spracheerkennen и 2) Nach, затем двоеточие и язык, на который должен быть сделан перевод. Нажимаем на первую кнопку и устанавливаем язык или нажимаем на Spracheerkennen. Переводчик сам распознает язык, после чего на кнопке «Von…“ появляется название данного языка. Или же просто пишем ничего не нажимая, и переводчик распознает язык.

die Fabrik, -en, - завод, фабрика.

dasFach (Fächer) – ящик (выдвижной), полка; область, отрасль; специальность; предмет (учебный). Мп: *ящик*вахтера (запомнить, что вместо «в» – «ф»).

dasFahrrad (dieFahrräder) – велосипед. Мп: *фар*ы и *рад*ио на велосипеде. Еще: *фар*аон *рад* что едет на *велосипеде*.

fahren – ехать. Мп: фары на полную - и *ехать*. Или: фар нет, но надо *ехать*.

dieFahrkarte (-n) – билет. Мп: логический выводится как *карта для поездки*.

dasFahrrad (Fahrräder) – велосипед. Мп: фары рады на *велосипеде*. Или: без фаррад ехать на *велосипеде*.

dieFahrt – поездка. Мп: логически выводится из fahren. Или: *поездка* с фартуком.

derFall (dieFälle) – случай; падение; падеж. AufjedenFall – в любом случае; во всяком случае; на всякий случай.

fallen – падать. Мп: фыркает олень и *падает* (чтоб отдохнуть).

falls – в случае. Мп: *в случае* фальсификации.

falsch – неправильный. Мп: *неправильный*, то есть фальшь.

derFamilienstand – семейное положение. Мп: *фамильярный станд*арт моего *семейного положения*.

fangen – ловить. Мп: *ловить*фанатичного Гену.

dieFarbe (-en) – цвет. Мп: *цвет*фар белых.

fast – почти. Мп (обращение к собаке): *фас, т*ы *почти* у цели.

faul – ленивый. Ich bin ganz faul, aber mein Freund ist noch fauler. Я совсем ленивый, но мой друг еще ленивее.

dieFaulheit (множ. нет) – лень. Was kann ich gegen meine Faulhein machen? Как мне избавиться от лени?

derFebruar – февраль. Мп: легко запомнить благодаря сходству.

feiern – праздновать. Мп: *праздновать* то, что фуфайку вернули.

dieFeige, -n, - фига, смоква, инфир. Мп: фига в фу*файке*.

feige (также *feig*) – трусливый. Мп: за *трусливым* погнался тот кто в фу*файке*.

dieFeile (-n) – стрелочка. Мп: *стрелочка*файла.

derFehler (-) – ошибка; промах; погрешность;. Мп: *ошибка*Феликса филармониста.

dasFenster (-) – окно. Мп: фен стер*окно*.

Так, отвлечемся на минутку:

Farbqualität – Насыщенность (находится во вкладке Einstellungen диалогого окна «Свойства дисплея» (EigenschaftenvonAnzeige). У меня (у моего компа) имеется два варината насыщенности: средняя (Mittlere, 16 Bit) и самая высокая (Höchste, 32 bit). В этой же вкладке - Bildschirmauflösung (от Nidrig до Hoch).

Кстати, все эти паузы я не копирую (KopierenCtrl + C), а вырезаю (AusschneidenShift + Del) из другого документа (черновика) и вставляю (EinfügenCtrl + V) сюда. Так удобнее; чтобы не запутаться.

А теперь давайте развивать "вертикальные навыки". Сейчас станет ясно, что имеется в виду.

Возьмем исходную позицию asdf и мысленно соединим эти четыре буквы одной линией (горизонтальной). Затем мысленно проведем через каждую букву вертикальную (или чуть наклонную, не важно) линии. Так вот, на этих вертикалях окажутся буквы. На первой (слева) – qay, wsxedcrfv. Если их запомнить, то в голове останется картинка, по которой можно будет ориентироваться и быстро набирать нужную букву. Впрочем, со временем все переходит в автоматизм и отпадает необходимость "видеть" в голове клавиатуру (там и так всего хватает).

Нет, так работать я больше не могу: мой рабочий стол просто завален (когда кругом беспорядок, то усталость от работы наступает намного раньше). Делаю паузу для приведения стола в нормальный вид:

Symbolleanordnennach – команда в контекстном "рабочего стола" (оно не заставит себя ждать и обязательно откроется, если наведем стрелку мышки на область Р. стола и сделаем правый мышиный клик). Так вот, эта команда предлагает нам варианты приведения в порядок содержания рабочего стола: Name; Größe; Typ; Enderugsdatum (эти команды - как продолжение командного предложения (то есть после nach), затем, после горизонтальной линии (в том же контекстном меню): ImGruppenanzeigen; Automatischanordnen; AmRasterausrichten; затем, под второй горизонтальной линией: Desktopsymboleanzeigen (при нажатии на эту комнаду (если рядом галочка) получаем чистый рабочий стол: все папки и ярлыки вместе с мусорным ведром - просто выметаются за долю секунды. Открыв снова контекстное меню, заметим, что пропала галочка; это значит, что нажав, вернем все похищенное на свои родные места: папки, ярлыки и, самое главное, мусорное ведро); предпоследняя команда в контекстном меню: WebelementeaufdemDesktopfixieren; и наконец последняя команда вызывает ассистента: Desktopbereinigungs-Assistentausführen.

О, вот теперь – другое дело!

Итак, исходная позиция – это два горизонтальных отрезка с буквами: asdf и jklö. А через каждую букву в свою очередь проходит вертикаль также с буквами. Некоторые из этих вертикалей разветвляются. Это значит, что один и тот же палец набирает и соседнюю букву (например, левый указательный набирает по вертикали "v" и соседние слева "c" и справа "b"; та же история с правым указательным: "n" и "m". По идее правый указательный тоже мог бы набирать "b", но клавиши расположены так, что "b" находится не в середине, а чуть ближе к левому указательному.

"Вертикальные" упражнения весьма полезны, так что начнем:

^^ 1 2 q a y^^ 1 2 q a y ^^ 1 2 q a y ^^ 1 2 q a y ^^ 1 2 q a y

А теперь в таком порядке:

2qay 2qay 2qay 2qay2qay 2qay2qay 2qay2qay 2qay
^^qay ^^qay ^^qay ^^qay^^qay ^^qay^^qay ^^qay
2qay 2qay 2qay 2qay 2qay 2qay 2qay 2qay 2qay 2qay

То же самое проделываем с остальными пальцами, стараясь набирать все быстрее и свободнее (без напряжения). Чтобы снять напряжения, можно дать себе право на ошибку (это хороший психологический прием, неплохо работающий во многих сферах).

Немецкая пауза:
FAT (FileAllocationTable – Dateizuordnungstabelle).
Еще:
Menü – меню. ВФирефоксе, кпримеру, главноеменю: Datei; Bearbeiten; Ansicht; Chronik; Lesezeichen; Extras; Hilfe.

Эти паузы – неспроста. Они очень даже полезны. Поэтому сделаем еще одну (а выучить Zehnfingersystem- мы всегда успеем):

Verknüpfungerstellen – создать ярлык. Чтобы найти эту команду, надо на рабочем столе навести указатель мыши на папку (или программу или ярлык) и щелкнуть правой кнопкой мыши; в контекстном меню кроме всего прочего будет предложено создать ярлык. Принять это предложение или отказаться – наше право.

Далее - советы. Возьмите немецкий текст (газету, книгу, из интернета и т.д.) и перепишите его в компьютер. Затем переведите его. Я сам последовал этому совету (который дал сам себе) и переписал целую книгу, а потом еще и перевел ее на русский. Чем и усовершенствовал свой навык слепой печати на немецком языке, а также навык работы одновременно с двумя языками.

Научно-немецкая пауза: Hertz (Hz) – единица измерения частоты. Die Maßeinheit für die Friquenz. 1 Hz – 1 Schwingung pro Sekunde. 1 Kilohertz (kHz) – 1000 Schwingungen, 1 Megahertz – 1000000, 1 Gigahertz – 1000000000.

Неплохойсовет: набирайтесобственныенемецкиемысли, желанияимечты - сзакрытымиглазами.
Набираем:
Ich bin müde. Ich bin müde. Ich bin müde. Ich bin müde. Ich bin müde.
Ich will schlafen. Ich will schlafen. Ich will schlafen. Ich will schlafen.
Ich wil schlafen, weil ich müde bin. Ich wil schlafen, weil ich müde bin.
Ich bin müde, weil ich schlafen will. Ich bin müde, weil ich schlafen will.
Ich will Geld haben, aber arbeiten will ich nicht.

Выделив (markieren), перетаскиваем все эти мечты (для этого нам нужна нажатая клавиша мыши (gedrücktgehalteneMaustaste)) в надежное место.

Еще совет: набирайте одно и то же немецкое слово много раз, начиная с коротких и заканчивая длинными словами.

Одна из последних пауз:
Zubehör – аксессуары; принадлежности. В меню пуск, во Всех программах, стандартные программы. Start – AlleProgrammen – Zubehör. В этом Zubehör находят себе пристанище Eingabehilfen, Kommunikation, Systemprogramme, Unterhaltungmedien (сюда входят Audiorecorder (звукозапись) и Lautstärke (динамики)), Paint (для рисования), Rechner (калькулятор), WordPad (для текстов) и другие.

Вспомнил свои немецкие стихи. Набираем:

Du bist so hübsch, so schön bist du;
Ich liebe dich von ganzem Herzen;
Was kann mit meinem Herz ich tun?
Das Feuer brennt und bringt mir Schmerzen...

Что ж делать, если в сердце горит огонь? Искать, искать нам выход надо: Suchen (Strg + F) – искать (команда «Найти и заменить» (в M. Word)).

Ну вот и все;*что* много говорить, ведь суть давно уже ясна. Переходим к следующей главе.

Русско-англо-немецкий компьютерный словарь

К услугам Читателя – русско-англо-немецикй компьютерный словарь (компьютерные термины, названия пальцев, знаки препинания, общие понятия). Он поможет ориентироваться в трехязыковом пространстве (ru, en, de).

А

Abandonware (программное обеспечение, от которого больше нет доходов), abandonware (abandon + software), Abandonware

Аберрация, aberration, Aberration

Абзац, paragraph, Absatz

Аббревиатура, abbreviation, Abkürzung

Аварийнаязащита, SIS (Safety Instrumented System), Sicherheitssysteme

Автоисправление, Autocorrection, Autokorrektur

Автоматическоеобновление, Automatic Update, Automatisches Update

Авторизация, authorisation, Autorisierung

Адаптер, adapter, Adapter

Adware (программноеобеспечениесрекламой), Adware (advertising-supported software), Adware

Адресс (инф. Комп.), memory address, Speicheradresse

Адресная книга, name and address book (NAB), Adressbuch

Ай-пи-адрес (IP-адрес), IP address (Internet Protocol Address), IP-Adresse

Аккаунт, user account, Benutzerkonto

Аккордовая клавиатура, chorded keyboard, Akkordtastatur

Аккумулятор, storage battery, Akku

Акроним, acronym, Akronym. От аббревиатуры (которую произносят по буквам) акроним отличается тем, что его можно произносить слитно.

Активный рабочий стол, Active Desktop, active Desktop

Алфавит, alphabet, Alphabet

Амперсанд (&), ampersand, Und-Zeichen (или Et-Zeichen; непутатьс At-Zeichen @)

Аналого-цифровойпреобразователь (АЦП), Analog-to-digital converter (ADC), Analog-Digital-Umsetzer (ADU)

Аппаратное обеспечение, Hardware, Hardware

Апостроф(’), apostrophe, Apostroph

ARPAnet, ARPAnet (AdvancedResearch Projects Agency Network), Arpanet

Архив, archive, Archiv

Архиватор, file archiver, Archivierungsprogramm

Аутентификация, authentication, Authentifizierung

Б

Баг, Programmfehler, software bug

Байт, byte Byte

Базаданных, database, Datenbank

Баскет-метод (методобучения), in-basket exercise, Postkorb-Fallstudie

Безопасныйрежим, Safe mode, Abgesicherte Modus

Безымянныйпалец, ring finger, Ringfinger

Беспроводнаясеть, wireless network, drahtloses Netzwerk

Беспроводнаялокальнаясеть, WLAN (wireless local area network), WLAN(drahtloses lokales Netzwerk)

Бесплатноепрограммноеобеспечение, freeware, Freeware

BIOS (базоваясистемаввода-вывода), BIOS (basic input/output system), BIOS

Бит, bit (binary digit), Bit

Битрейт, bit rate, Datentransferrate

Блог, blog (web log), Blog

Блок питания, power supply, Netzteil

Большой палец, thumb, Daumen

Бот, Internet bot, Bot

Ботнет, botnet, Bot-Netz

Браузер, web browser, Webbrowser

Брекетинг, bracketing, Belichtungsreihe

Буква, letter, Buchstabe

Буквенныйряд, row of letters, Buchstabenreihe

Буфер, buffer, Puffer

Буферобмена, clipboard, Zwischenablage

В

Ввод/вывод, Eingabe/Ausgabe (E/A), I/O (input/output)

Вводкоманды, command input, Befehlseingabe

Вводтекста, ***text input***, Texteingabe

Веб-документ, web document, Webdokument

Веб-страница, webpage, Webseite

Веб-камера, webcam, Webcam

Веб-сайт, website, Website

Вентилятор, mechanical fan, Lüfter (Ventilator)

Вертикальная черта, vertical bar, senkrechter Strich

Вертикальный, vertical, senkrecht

Верхний ряд клавиш, top row of keys , obere Tastenreihe

Взгляд, staring, Starren

Видеокарта, video card, Grafikkarte

Video on Demand (видео по запросу), Video on Demand (VOD), Video on Demand (Abrufvideo)

Видеоклип, Video clip, Videoclip

Видовойкуб, ViewCube, ViewCube

Визуализация, visualisation, Veranschaulichung

Вирус, virus, Virus

Вкладка, Tab, Tab

Внимание, attention, Aufmerksamkeit

Вопросительныйзнак, question mark, Fragezeichen

Восприятие, perception, Wahrnehmung

Восклицательныйзнак, exclamation point, Ausrufezeichen

Восприятие, perception, Wahrnehmung

Восстановление, recovery, Wiederherstellen

Восстановлениеданных, Data Recovery,Datenwiederherstellung

Вредоноснаяпрограмма, malware, Schadprogramm

Время, time, Zeit

Всемирнаяпаутина (WWW), World Wide Web, WWW

Всплывающееокно, pop-up, Pop-up

Вставить, paste (Strg + V), einfügen

Встроенное программное обеспечение, firmware, Firmware

Вход, entrance, Eingang

Выборка, datasample, Stichprobe

Выделить все (команад), selectall, allesmarkieren

Выключение компьютера, shutdown, Herunterfahren

Выключить, switchoff, abschalten

Выпадающее меню, drop-down-menu, Drop-down-Menü

Вырезать (команда), cat (Strg + X), ausschneiden,

Выступ, bump, Erhebung

Выход, Exit , Ausgang

Г

Гаджет, gadget, Gadget

Галочка, check mark,Häkchen

Гарнитура, typeface, Schriftart

Гибернация, hibernation, Ruhezustand,

Гигабайт, gigabyte, Gigabyte

Гигабит, Gigabit, Gigabit

Гиперссылка, hyperlink, Hyperlink

Гипертекст, hypertext, Hypertext

Глава, chapter, Kapitel

Глаза, eyes, Augen

Глубина цвета, Color depth, Farbtiefe

Головная гарнитура, headset, Sprechgarnitur (Kopfhörer + Mikrofon)

Горизонтальный, horizontal, waagerecht

Горячие клавиши (комбинации клавиш), keyboard hotkeys, Tastenkombinationen

Горячая линия, hotline, Hotline

GPRS, General Packet Radio Service (GPRS), Allgemeiner paketorientierter Funkdienst

GPS, Global Positioning System (GPS), GPS

Графическая карта (видеокарта), graphics card, Grafikkarte

Графический пользовательский интерфейс (ГПИ), graphical user interface (GUI), grafische Benutzeroberfläche (GBO)

Графи́ческий планше́т, Graphics tablet, Grafiktablett

Графический процессор, graphics processing unit (GPU), Grafikprozessor

Графическийформат, Image file format, Grafikformat

Громкость звука, Loudness, Lautheit

Громкоговоритель, loudspeaker, Lautsprecher

Группа, group, Gruppe

Д

Дата (календарная), calendar date, Kalenderdatum

Движение, movement, Bewegung

Движенияпальцев, finger movements, Fingerbewegungen

Двоеточие, colon, Doppelpunkt

Двойнойклик (компьютерноймыши), double-click, Doppelklick

Двухмерный, two-dimensional, zweidimensional

Демо (т. е. демонстрация), Demo, Demo

Десятипальцеваяпечать, touch type, 10-Finger-Tastschreiben (Zehnfingerschreiben)

Дефис, hyphen, Viertelgeviertstrich

Дефрагментация, defragmentation, Defragmentierung

Дешифратор, decoder, Dekodierer

Дешифровка, decipherment, Entschlusselung

Джампер, jumper, Jumper

Джойстик, joystick, Joystick

Диаграмма, diagram, Diagramm

Диагональ, diagonal, Diagonale

Диалер, dialer, Einwahlprogramm

Диалоговое окно, dialog box, Dialogfeld

Диакритический знак, diacritical sign, Diakritisches Zeichen

Диалоговое окно, Dialogfenster (Dialogbox)

Диапазон, diapason, Diapason

Ди-ви-ди, DVD (Digital Versatile Disc), DVD

Дизайн, design, Design

Диктофон, dictation machine, Diktiergerät

Дисковод, drive, Laufwerk

Диспетчерзадач, task manager, Prozessmanager

Диспетчерфайлов, file Manager, Datei-Manager

Дисплей, display, Display

Длина, length, Längenmaß

Док-станция, docking station, Dockingstation

Документ (в широком смысле), document, Schriftstück

Документация, documentation, Dokumentation

Домашняя (стартовая) страница, Home page, Startseite

Домен, domain, Domain

Дополнительные функции, additional functions, Zusatzfunktionen

ДОС (дисковая операционная система), DOS (DiskOperatingSystem), DOS

Достигать, reach, erreichen

Доступ, access, Zugang

Доступ в интернет, Internetaccess, Internetzugang

Драйвер, devicedriver, Gerätetreiber

Drag-and-Drop (перетаскивание), Drag-and-Drop, Drag-and-Drop

Е

Единица измерения, unit of measurement, Maßeinheit

Емкость, capacity, Kapazität

Ethernet, Ethernet, Ethernet

Ж

Жесткийдиск, hard disk drive (HDD), Festplatte (Festplattenlaufwerk)

Ждущий режим, standby, Standby

«живой» компакт-диск, LiveCD

Жирный шрифт, boldtype, FetteSchrift

Журнал (файл регистрации), journal, Log-Datei

З

Загрузка файла, download, Herunterladen

Закладка, bookmark, Lesezeichen

Закрыть, close, schließen

Заливка, seed fill, Flutfüllung

Заменить (команда), Replace, Ersetzen

Записываемыйкомпакт-диск, CD-R (Compact Disc-Recordable), CD-R

Заплатка (патч), patch, Patch

Запястье, carpus, Handwurzelknochen

Запоминающееустройство, data storage device, Datenspeicher

Запятая, comma, Komma

Зарядноеустройство, battery charger, Ladegerät

Заставка, screensaver, Bildschirmschoner

Защита, Protection, Schutz,

Защитаотзаписи (редакции), Write protection, Schreibschutz

Защитаоткопирования, copy protection, Kopierschutz

Звук, sound, Schall

Знакабзаца (¶), pilcrow, Absatzzeichen

Знакавторскогоправа (комбинация Alt + 0169 даетэтотзнак:©), copyright sign, Copyrightzeichen

Знакградуса(°), degree symbol, Gradzeichen

Знакпараграфа, section sign, Paragrafenzeichen

Звукоснимáтель, magnetic cartridge, Tonabnehmer

Значок (илиИконка), icon,Icon

Значок для избранного, Favicon (Favorite icon), Favicon

Zip, ZIP, ZIP-Dateiformat

Зрение (зрительное восприятие), Visual perception, visuelle Wahrnehmung

Зум, Zoom, Zoom

ЗУПД (запоминающее устройство с произвольным доступом), RAM (Random-Access-Memory)

И

Игровой пульт, gamepad (joypad), Gamepad

Иерархия, hierarchy, Hierarchie

Изображение, Image, Abbild

Иконка (значок), Icon, Sinnbild

Имя пользователя, Username, Benutzername

Инициализация, initialization, Initialisierung

Инсталяция (установка ПО), Installation, Installation (Einbau)

Инструмент, tool, Werkzeug

Интеллект, intellect, Intellekt

Интенсивность, intensity, Intensität

Интервал, interval, Intervall

Интернет, Internet, Internet

Интернет-провайдер, Internetserviceprovider (ISP), Internetdienstleister

Интернет-банкинг, online banking, Online banking

Интернет-провайдер, Internet Service Provider (ISP), Internetdienstleister

Интернет-протокол, Internet Protocol (IP), Internet Protocol

Интерфейс, interface, Schnittstelle

Интерфейскомандной строки, command-line interface (CLI), Befehlszeile

Интерфейс пользователя, user interface, Benutzeroberfläche

Информационные технологии (ИТ), information technology (IT), Informationstechnologie (IT)

Ироническийзнак (□),irony mark, Ironiezeichen

Искать, search, suchen

Исключение, exception, Ausnahme

Исполняемый файл, executable file, Programmdatei

Исходное положение, Grundstellung (Ausgangsposition)

Исходнаяпозиция, starting position, Grundposition

К

Кабель (ударение на первую гласную), cable, Kabel

Кавычки, quotationmarks, Anführungszeichen

Карманный персональный компьютер, PersonalDigitalAssistant (PDA), PDA (persönlicherdigitalerAssistent)

Картинавкартине, Picture in Picture (PIP), Bild im Bild (BiB)

Каталог, Ordner (он же Katalog, Register, Verzeichnis)

Катет, cathetus, Kathete

Кандела, candela, Candela

Квадрат, square, Quadrat

Кейлогер, Keystroke logging, Keylogger

Кинестезия (кинестетика), kinesthesia, Tiefensensibilität

Кисть (руки), hand, Hand

Клавиатура, keyboard, Tastatur

Клавиатура Apple, Apple keyboard, Apple Tastatur

Клавиша Home, Home, Pos 1

Клавиша Insert (Ins), Insert key, Einfg (от einfügen)

Клавиша, key, Taste

Клаваиша Backspace, Backspace key, Backspace -Taste

Клавиша ввода, Enter key, Eingabetaste

Клавиша Ctrl, Control key, Steuerung-Taste

Клавиша Esc (Escape), Esc key, Escape-Taste

Клавишаконтекстногоменю, menu key, Menü-Taste

Клавиша-модификатор, modifier key, Modifikationstaste

Клавиша Num Lock, Num Lock key (Number Lock), Num-Taste

Клавиша Pause/Break, Break key, Pause-Taste

Клавиши Page Up и Page Down, Page Up and Page Down keys, Bild↑ und Bild↓ Tasten

Клавиша Print Screen, PrtScr key, Druck-Taste

Клавиша Scroll Lock, Scroll Lock key, Rollen-Taste,

Клавишасэмблемой Windows, Win key (start key), Windowstaste

Клавишисострелками, arrow keys, Pfeiltasten (Cursortasten; курсором упрвляют нетолько стрельчатые клавиши, но и клавиши Home (перемещает курсор в начало строки), End (в конец строки), Page Up (перемещает курсор вверх на расстояние экрана), Page Down (вниз на один экран)

Клавиша SysRq (System request), SysRq key, Systemabfrage-Taste (S-Abf)

Клиент-сервер, client–server model, Client-Server-Konzept

Клик (мышью), mouse click, Mausklick

Клип (видеоклип), Video clip, Videoclip

Кнопка, button, Schaltfläche

Кнопка мыши, mouse button, Maustaste

Код, code, Kode

Код страны, Country Code, Landescode

Колебание, Oscillation, Schwingung

Колесико прокрутки, scroll wheel, Scrollrad

Колонка (текстовая), column, Spalte (Spaltensatz)

Колонтитул, page header, Kopfzeile

Команда (компьютерная), Befehl, command

Комбинации клавиш, Keyboard shortcut, Tastenkombination

Коммутатор сетевой, switching hub, Netzwerkweiche

Коммутационный кабель, patch cable, Patchkabel

Компактдиск, CD *(*compact disc*)*, CD

Компьютер, computer, Rechner (Computer)

Компьютернаяпамять, computer memory, Computerspeicher

Компьютернаяпрограмма, computer program, Computerprogramm

Компьютернаясеть, computer network, Rechnernetz

Компьютерная техника (аппаратное обеспечение), Computerhardware, Hardware

Компьютерный червь, computerworm, Computerwurm

Компонент, component, Bestandteil

Контекст, context, Kontext

Контекстное меню, contextmenu, Kontextmenü

Контекстного меню клавиша, menukey, Menü-Taste

Контраст, contrast, Kontrast

Контрастность, contrast ratio, Kontrastverhältnis

Конус, cone, Kegel

Конфигурация (компьютера), computer configuration, Konfiguration

Копировать, copy (Strg + C), kopieren

Корзина (вкоторуюпопадаютудаленныефайлы), recycle bin, Papierkorb

Корневойкаталог, root directory, Stammverzeichnis

Косаячерта, Slash, Schrägstrich

Коэффицентинтеллекта, intelligence quotient (IQ), Intelligenzquotient

Криптография, cryptography, Kryptographie

Курсив, italic type, Kursiv

Курсор, Cursor (Einfügemarke)

Курсормыши, mouse cursor, Mauszeiger

Кэш, cache, Cache

Л

Labelflash, Lightscribe (технологиинанесениярисунковнаСД)

Ладонь, palm, Handfläche

LAN-Party (собрание людей по интересам, с личными компами), LAN-Party, LAN-Party

Ларингофон, laryngophone, Kehlkopfmikrofon

Логин, Login, Log-in

Лазерная мышь, lasermouse, Lasermaus

Лазерный принтер, Laserprinter, Laserdrucker

Лента (лента с вкладками), ribbon, Menüband (Multifunktionsleiste)

Логотип, logo, Logo

Локальная сеть, LocalAreaNetwork (LAN), lokalesNetzwerk

Локоть, elbow, Ellbogen

М

Макрон (черта сверху), macron, Makron

Макрос, macro, Makro

Маршрутизатор, router, Router

Массив, Array data structure, Feld

Мастер (программа), setup assistant, Assistent

Масштаб, scale, Maßstab

Материнская плата, motherboard, Hauptplatine

Матрица, matrix, Matrix

Мгновенный обмен сообщениями, Instant messaging (IM), Nachrichtensofortversand

Мегабайт, megabyte (MB), Megabyte

Медиа (не путать с "медия" из анатомии), media, Media

Мембранная клавиатура, membranekeyboard, Folientastatur

Меню (но не в ресторане, а в компьютере), menu, Menü

Меню "Пуск", Start menu (Ctrl + Esc), Startmenü

Мизинец, little finger, kleine Finger

Микрочип, microchip, Mikrochip

Микрофон, microphone, Mikrofon

Мнемотехника, mnemonic, Mnemotechnik

Многозадачность, multitasking, Multitasking

Многоточие, ellipsis, Auslassungspunkte

Многоугольник, polygon, Vieleck

Модем, modem (modulator-demodulator), Modem

Модернизациякомпьютера, Upgrade, Upgrade

Монитор, monitor, Monitor

Моторика, Motor skill, Motorik

Мультикасание, multi-touch, Multi-Touch

Мультимедия, multimedia, Multimedia

Мышца, muscle, Muskel

Мышь, mouse, Maus. 3D-мышь, spacemouse, 3-D Maus

Н

Набор (текста), typing, Computerschreiben (Tastenschreiben)

Навык, skil, Fertigkeit

Надстрочныйиподстрочныйзнаки, superscript and subscript, Tiefstellung und Hochstellung

Наизусть (учитьнаизусть), rote learning, Auswendiglernen

Найтиизаменить (названиедиал. окна), Find and Replace, Suchen und Ersetzen

Наладонник (Карманныйперсональныйкомпьютер (КПК)), personal digital assistant (PDA), Personal Digital Assistant

Наушники, headphones, Kopfhörer

Ноготь, nail, Nagel

Ноутбук, laptop, Laptop

Ноцицептор, nociceptor, Nozizeptor

О

Областьуведомлений, Taskbar Notification Area (TNA), Infobereich

Обновление, update, Aktualisierung

Оболочкаоперационнойсистемы, operating system shell, Betriebsystem-Shell

Оборудование, Equipment, Ausrüstung

Образец, pattern, Muster

Обратная косая черта, Backslash, Rückstrich

Объем, volume, Volumen

Объёмныйзвук, surround sound, Raumklang

Одноранговаясеть, peer-to-peer network (P2P), Rechner-Rechner-Verbindung

Окно (в том числе компьютерное), window, Fenster

Окружность, circle, Kreis

Онлайн, online, Online

Операционная система, operatingsystem (OS), Betriebssystem

Оптическая мышь, optical mouse, optischeMaus

Опубликовать, publish, veröffentlichen

Осязание, Touch, haptische Wahrnehmung

Открытыйтекст, plaintext, Klartext

Отступ, text-intend, Texteinzug

Оффлайн, offline, offline

Очистить корзину (команда), Papierkorb leeren

Ошибка, Error, Fehler

Ощущение, sense, Sinn

П

Пакет, data packet, Datenpaket

Пакетобновления, SP (Service Pack), Wartungspaket

Палец, finger (палецруки), Finger

Пальцы ног, toes, Zehen

Пальцырук, fingers, Finger

Память, memory, Gedächtnis

Панельзадач, taskbar, Taskleiste

Панельинструментов, toolbar, Werkzeugleiste

Панельуправления, Control Panel, Systemsteuerung

Папка (каталог), directory, Ordner

Параграф, section, Paragraph

Паралле́льныйпорт, parallel port, Parallele Schnittstelle

Параметр, parameter, Parameter

Пароль, password, Kennwort

Переадресация, forwarding, Weiterleitung

Передачаданных, digital transmission, Datenübertragung

Перезагрузка, rebooting, Reset

Переименовать, rename, unbenennen

Перекрестнаяссылка, cross-reference, Querverweis

Переменныйток, alternating current (AC), Wechselstrom

Периферийноеустройство, peripheral, Peripheriegerät

Печать (набортекста) наклавиатуре, Keyboarding, Tastschreiben

Печатать (набирать текст), type, tippen

Печатать (с помощью принтера), print, drucken

Плата (материнская), motherboard, Hauptplatine

Плеер, player, Player

Пиктограмма, pictogram, Piktogramm

Перевод, translation, Übersetzung

Передачаданных, data transmission, Datenübertragung

Переходник (адаптер), adapter, Adapter

Пиксель, pixel, Bildpunkt

Пиктограмма, pictogram, Piktogramm

Письмо, letter, Brief

ПК (персональный компьютер), PC (personal computer), personal Computer

Плагин, plug-in, Plugin

Планшетный компьютер, Tablet-computer, Tablet-Computer

Плоский экран, flat panel display, Flachbildschirm

Плоскость, plane, Ebene

Плоттер (графопостроитель), plotter, Plotter (Kurvenschreiber)

Площадь, area, Flächeninhalt

Поверхность, surface, Fläche

Повторение, repetition, Wiederhollung

Подпись, signature, Unterschrift

Подсказка (компьютерная; например, всплывающая подсказка), infotip (quickinfo), Tooltip

Подстрочный знак, subscript, Tiefstellung

Подчеркивание, underline, Unterstrich

Поисковая система, searchengine, Suchmaschine

Поисковая система, searchengine, Suchmaschine

Поле (страницы), margin, Seitenrand

Политика конфиденциальности, Privacypolicy

Полный перебор, brute-force search, Brute-Force- Methode

Полоса прокрутки, scrollbar, Bildlaufleiste (Rollbalken)

Пользователь, user, Benutzer

Полярность, Polarität, Polarity

Порт (компьютерный), computer port, Port

Последовательность (математическая), sequence, Folge

последовательность команд, commandsequence, Befehlsfolge

Постоянный ток, directcurrent (DC), Gleichstrom

Почта, post (mail), Post

Правило, rule, Regel

Правописание, orthography, Orthografie

Предварительный просмотр, preview, Vorschau

Презентация, presentation, Präsentation

Прерывание, Interrupt, Interrupt

Производительностькомпьютера, Computer performance, Rechenleistung

Прибор, device, Gerät

Прикладноепрограммноеобеспечение, Application software, Anwendungssoftware

Принтер, printer, Drucker

Пробел (втексте), space, Leerzeichen

Пробелаклавиша, spacebar, Leertaste

Провайдер (интернет-провайдер), Internet service provider, (ISP), Internetdienstleister

Проводник Windows, Windows Explorer, Windows-Explorer

Программа (компьютерная), computer program, Computerprogramm

Программное обеспечение, computer software, Software

Проекционная клавиатура, projection keyboard, virtuelle Datentastatur

Произвольный доступ, random access, wahlfreier Zugriff

Прокси-сервер, proxy server, Proxy

Пространство, space, Raum

Протокол, protocol, Protokoll

Протокол передачи файлов (FTP), File Transfer Protocol (FTP), Dateiübertragungsverfahren

Профиль, Profile, Profil

Профильпользователя, user profile, Benutzerprofil

Процент, percentage, Prozent

Процессор, central processor unit (CPU), Prozessor

Прошивка (встроенноепрограммноеобеспечение), firmware, Firmware

Прямая, straight line, Gerade

Прямоугольник, rectangle, Rechteck

PS/2 (порт для подключения мыши и клавиатуры), PS/2 connector, PS/2-Schnittstelle

Р

Рабочий стол, desktop, Desktop

Развитие, development, Entwicklung

Раздел диска, Disk partition, Partition,

Разъем, electrical connector, Steckverbinder

Растровая графика, raster graphics, Rastergrafik

Расширениеименифайла, filename extension, Dateinamenserweiterung

Редактор (текстовый), text editor, Texteditor

Редактированиетекстов, text editing, Textbearbeitung

Редактированиеизображений, image editing, Bildbearbeitung

Резервноекопирование, Backup, Datensicherung

Резиноваяклавиатура, chiclet keyboard, Kaugummitastatur

Результат, result, Ergebnis

Реклама, advertizing, Werbung

Рецептор, sensory receptor,

Решение задач, problem-solving, Problemlösen

Ритм, rhythm, Rhythmus

Рука, hand, Hand

Руткит, rootkit, Rootkit

Ряд, series, Reihe

Ряд букв (на клавиатуре), Buchstabenreihe

С

Сабвуфер, subwoofer, Subwoofer

Сайт, website, Website

Сборка, software build, Erstellungsprozess

Свернутьокно, minimize the window, das Fenster minimieren

Связь, connection, Verbindung

CD-ROM, CD-ROM (Compact Disc Read-Only Memory), CD-ROM

CD-RW (перезаписываемый CD), CD-RW (Compact Disc Rewritable), CD-RW

CE знак (европейское соотвествие), CE-Kennzeichnung, CEmarking

Секция, section, Sektion

Сенсорная панель, touchpad , Touchpad

Сенсорныйэкран, touchscreen, Berührungsbildschirm

Сервер, server, Server

Середина, center, Mitte

Сетевойкоммутатор, switching hub, Netzwerkweiche

Сетевой шлюз (да и шлюз вообще), gateway, Gateway

Сеть, network, Netzwerk

Сетевая плата, networkinterfacecard, Netzwerkkarte

Свойство, property, Eigenschaft

Связь, connection, Verbindung

Сжатие, Compression, Komprimierung

Сжатиеданных, data compression, Datenkomprimierung

Сжатие изображения, image compression, Bildkompression

Системный администратор, system administrator, Systemadministrator

Скринсейвер, screensaver, Bildschirmschoner

Сжатие, Datenkompression (Datenkomprimierung)

Скобки, Brackets, Klammern

Сигнатура, signature, Signatur

Символ, symbol, Symbol

Синоним, synonym, synonym (Ersatzwort)

Синхронизация, synchronization, Prozesssynchronisation

Системакоординат, coordinate system, Koordinatensystem

Системасчисления, system of numeration, Zahlensystem

Системныйблок, computer case, PC-Gehäuse

Сканер, scanner, Scanner

Скачивание, download, Download

Скорость, speed, Geschwindigkeit

Скролинг, scrolling, Bildlauf

Слепаяпечать, touch type, Blindschreiben

Сло́во-бума́жник (отслиянияслов), portmanteau word, Kofferwort

Смайлик (Animoticon – движущийсясмайлик), smiley, Smiley :) :-)

СМС, SMS (Short Message Service), Kurznachrichtendienst

Снимокэкрана, screenshot, Bildschirmfoto

Сноска,note, Fußnote

Собака (@), At-Zeichen, at sign

Событие (информатика), event, Ereignis

Совместимость, compatibility, Kompatibilität

Соединение, connection, Verbindung

Сознание, consciousness, Bewusstsein

Control-Alt-Delete, сокращенноCtrl-Alt-Del, комбинация, которуюнемцыназываютAffengriff, атакжеKlammergriff, аеще Geierkralle инаконецкраткоиласкательно: Kralle

Сообщениеобошибке, error message, Fehler-Meldung

Сосредоточенность, concentration (attentional control), Konzentration

Сохранить, save, speichern

Социальнаясеть, social networking service, soziales Netzwerk

Сочетанияклавиш, keyboard Shortcuts, Tastaturkürzel

Спам, spam, Spam

Список, List, Liste

Спящийрежим (гибернация), hibernation, Ruhezustand

Среднийпалец, middle finger, Mittelfinger

Ссылка, link, Verknüpfung

Стартоваястраница, Home page, Startseite

Стенография, Shorthand, Stenografie

Стерео, Stereophonic sound, Stereofonie

Столбец, column, Spalte

Страница, page, Seite

Стрелка, arrow, Pfeil

Строка, row, Zeile

Субноутбук, subnotebook, Subnotebook

Сублимационная печать, dye-sublimation printer, Thermosublimationsdruck

Сустав, joint, Gelenk

Т

Таб, Tab key, Tabulatortaste

Таблица, table, Tabelle

Табличный процессор, spreadsheet , Tabellenkalkulationsprogramm

Тактильная память, haptic memory, haptisches Gedächtnis

Тактовый сигнал, clock signal, Systemtakt

Тэг, tag, Tag

Тезаурус, thesaurus, Thesaurus

Текст, text, Text,

Текстовый документ, text document, Textdokument

Текстовый редактор, text editor,Textverarbeitungsprogramm

Терабайт, terabyte (TB), Terabyte

Термин, representation term, Begriff

Тест,test, Test

Техника ввода, input technique, Eingabetechnik

Тильда,tilde, Tilde

Тире, dash, Dash

Тонер, toner, Toner

Точка, full stop, Punkt

Точка с запятой, semicolon, Strichpunkt

Трапеция, trapezium, Trapez

Треугольник, triangle, Dreieck

Трехмерный, three-dimensional, dreidimensional

Троянский конь, Trojan horse, Trojanisches Pferd

У

Угол, angle, Winkel

Удаление (файлов), file deletion, löschen (entfernen)

Ударение (знак), stress, Akzent

Ударывминуту, Words per minute, Anschläge pro Minute

Указательмыши, mouse pointer, Mauszeiger

Указательныйпалец, index finger, Zeigefinger

URL (единый указатель ресурсов), URL (Uniform Resource Locator), URL

Управление задачами, Task management, Aufgabenverwaltung

Упражнение, exercise, Übung

Ускорение, acceleration, Beschleunigung

Условно-бесплатное программное обеспечение, Shareware, Shareware

Успех, success, Erfolg

Установка (программного обеспечения (ПО)), Instalation, Setup

Установочный файл, installationfile, Installationsdatei

Устройство, device, Gerät

Устройство ввода, inputdevice, Eingabegerät

Устройство вывода, outputdevice, Ausgabegerät

Утилита, Utility software, Hilfsprogramm

Учеба,

Учетнаязапись, user account, Benutzerkonto

Ф

FAT (таблицаразмещенияфайлов), File Allocation Table, Dateizuordnungstabelle (FAT)

FAQ (частозадаваемыевопросы), Frequently Asked Questions, häufig gestellte Fragen

Файл, file, Datei

Файловаясистема, filesystem, Dateisystem

Файловыйменеджер, file manager, Dateimanager

Файлрегистрации (журнал), journal, Log-Datei

Факс, fax (от facsimile), Fax

Факсимиле, facsimile, Faksimile

Флешка (полное имя: USB-флеш-накопитель), USB flash drive, USB-Massenspeicher

Флеш-карта, memory card, Speicherkarte

Флеш-память, flash memory, Flash-Speicher

Фокусное расстояние, focal length, Brennweite

Фонетический алфавит ИКАО, ICAO spelling alphabet, Buchstabieralphabet (немекий, интернациональный (через запятую): A – Anton, Alfa; Ä – Ärger, Alfa-Echo; B – Berta, Bravo; C – Cäsar, Charlie; Ch – Charlotte, Charlie-Hotel; D – Dora, Delta; E – Emil, Echo; F – Friedrich, Foxtrot; G – Gustav, Golf; H – Heinrich, Hotel; I – Ida, India; J – Julius, Juliett; K – Kaufmann, Kilo; L – Ludwig, Lima; M – Martha, Mike; N – Nordpol, November; O – Otto, Oscar; Ö – Ökonom, Oscar-Echo; P – Paula, Papa; Q – Quelle, Quebec; R – Richard, Romeo; S – Samuel, Sierra; Sch – Schule – отсутствует, ß – Eszett, Sierra-Sierra; T – Theodor, Tango; U – Ulrich, Uniform; Ü – Übermut, Uniform-Echo; V – Viktor, Viktor; W – Wilhelm, Whiskey; X – Xanthippe, X-Ray; Y – Ypsilon, Yankee; Z – Zacharias, Zulu)

Формат, Format, Format

Формат файла, file format, Dateityp

Форматирование (диска), Disk formatting, Formatierung

Формула, formula, Formel

Форум (веб-форум), Internet forum, Internetforum

Фотография, photography, Fotografie

Фотоматрица, image sensor, Bildsensor

Фотоэкрана, screenshot, Bildschirmfoto

Фрагментация, fragmentation, Fragmentierung

Фреймворк, Framework, Rahmenstruktur

Функциональныеклавиши, function keys, Funktionstasten

Функция, function, Funktion

Х

Хаб (сетевойконцентратор), Ethernet hub, Hub

Хакер, hacker, Hacker

Хотлинг, Inline linking, Hotlinking

Хранитель экрана, screensaver, Bildschirmschoner

Ц

Центральный процессор (ЦП), central processor unit (CPU), Hauptprozessor

Циркумфлекс, circumflex, Zirkumflex

Цифра, numerical digit, Zahlzeichen (Ziffer)

Цифровая клавиатура, numpad, Ziffernblock

Цифровой, digital, Digital

Цифровой блок, numeric keypad, Ziffernblock (numerische Tastatur)

Цифровое видео, digital video, digitales Video

Цифровой зум, digital zoom, Digitalzoom

Цифровой сигнал, digital signal, Digitalsignal

Цифровойшум, image noise, Bildrauschen

Ч

Часто задаваемыевопросы (FAQ), Frequently Asked Questions, häufig gestellte Fragen

Частота, frequency, Frequenz

Чат, online chat,Chat

Червь (компьютерный), computer worm, Computerwurm

Черта, line, Strich

Черта сверху (макрон), macron, Makron

Черта снизу, macron below, Unterstrich

Чип, integrated circuit (microchip),integrierter Schaltkreis

Чипсет, chipset, Chipsatz

Число, number, Zahl

Ш

Шатдаун (выключение дауна... Пардон, - компьютера), shutdown,

Шина (системная), bus, Bus

Широкое (длинное) тире (комбинация Alt + 8212: —),emdash, Geviertstrich

Шифр, cipher, Chiffre

Шифратор, Encoder, Kodierer

Шифрование, encryption, Verschlüsselung

Шкала, scale, Skala

Шлюз, gateway, Gateway

Шпаргалка (нужнаявещь), cheat sheet, Spickzettel

Шпион (программа), Spyware, Spähprogramm

Шрифт, font, Schriftstil

Шум, noise, Geräusch

Шумовоезагрязнение, Noise pollution, Lärm

Щ

К сожалению, на букву "щ" пока что ничего не нашел.

Э

Эвристика, Heuristic, Heuristik

Эйч-ти-ем-эл (HTML), HTML (HypertextMurkupLanguage), HTML

HTTP, HyperText Transfer Procokol, Hypertext-Übertragungsprotokoll

Эквалайзер. Equalization, Equalizer (EQ)

Экран, electronic visual display, Bildschirm

Экранная клавиатура, virtual keyboard,Bildschirmtastatur

Экранная лупа, screen magnifier, Bildschirmlupe

Экрана хранитель, screensaver, Bildschirmschoner

Электрический ток, electric current, elektrische Strom

Электрическое напряжение, Voltage, elektrische Spannung

Электронная книга, E-Book (electronic book), E-Book (нем: elektronisches Buch)

Электронная коммерция, electronic commerce (e-commerce), elektronischer Handel

Электронная обработка данных, Electronic Data Processing (EDP), Elektronische Datenverarbeitung (EDV)

Электронная почта, Electronic mail, elektronische Post

Электронный документ, electronic document, elektronisches Dokument

Эмоциональныйинтеллект, Emotional intelligence (EQ), Emotionale Intelligenz

Энергия, energy, Energie

Энергозависимаяпамять, Volatile memory

Энергонезависимая память, Non-volatile random-access memory, NVRAM

Энергосбережение, Energy conservation, Energieeinsparung

Эргономика, Human factors and ergonomics (HF&E), Ergonomie

Ethernet, Ethernet, Ethernet

Эффект, Effect, Effekt

Эффективность, efficiency, Effizienz

Ю

Юзер, user, Benutzer

Ю-эс-би, USB (Universal Serial Bus) на всех трех языках.

Юзнет, Usenet, Usenet

Юникод, Unicode, Unicode

Я

Языкпрограммирования, programming language, Programmiersprache

Ярлык, file shortcut, Dateiverknüpfung

Ячейка, cell, Zelle

Ячейка таблицы, table cell, Tabellenzelle

Часть III: Комбинации клавиш. Tastenkombinationen

Горячие клавиши

Ну и напоследок – о "быстрых клавишах", то есть об их комбинированном использовании.

Итак, добро пожаловать в сокровищницу *горячих клавиш*. Они – очередной существенный вклад в дело повышения продуктивности и удобства работы на ПК. Пользоваться комбинациями клавиш – значит меньше отвлекаться на мышку, а это значит – быстрее работать. А если пользоваться горячими клавишами не просто как придется, а десятипальцевым методом, то, как говорится, комментарий излишний.

В этой главе мы узнаем о всевозможных сочетаниях клавиш. О многих из них мы, впрочем, узнали из предыдущих глав, но здесь, в данной главе, этих сочетаний – хоть пруд пруди. Некоторые из них – универсальные, другие "сотрудничают" с MicrosoftWord и другими приложениями. Ну а некоторые повторяются, но в этом есть мнемонический смысл. Ко многим из сочетаний я придумал мнемонические предложения (мп), которые помогают запомнить данные сочетания. Ну, что ж, поехали. Стоп! Напомню только, что слово Windows в сочетаниях означает клавишу пуска с эмблемой Windows. Вот теперь поехали. Спешите медленно, как говорят англичане.

Ctrl + F12 или Ctrl + O – Открытие документа (мп: контролировать (Ctrl) Открытие (английское O) документ)

Alt + Tab – переход из одного окна в другое (и обратно при повторном использовании сочетания).

Alt + Ctrl + P – режим разметки (или нажать на соответствующий значок слева от нижней полосы прокрутки). Чуть позже я приведу сочетания и для других режимов.

Ctrl + PageDown – следующая страница (листаем постранично)

CtrlPageUp – предыдущая страница (то же делает одноименная кнопка под полосой прокрутки)

Alt + Ctrl + Home – выбор объекта. То же самое делает нажатие на кнопку под полосой прокрутки, между стрелками *Предыдущая страница* и *Следующая страница*.

Ctrl + Shift + O – справочные материалы (мп: в контрольной (Shift) шефа (Shift) – Оригинальные (O) справочные материалы)

- Ctrl + Shift + L – включение режима маркированного списка (мп: в контрольной (Ctrl) шефа (Shift) Лениво (L) красуются маркированные списки)

Ctrl + Shift + N – очистить формат (при этом автоматически произойдут следующие изменения: шрифт у меня переходит в Arial, размер шрифта становится 12, выравнивание текста – слева, стиль – обычный, треугольнички выступов на линейке – в начале друг под другом). Таким образом, если мы хотим разом сбросить все установленные настройки форматирования, то пользуемся сочетанием Ctrl + Shift + N (мп: в контрольной (Ctrl) шефа (Shift) Нет (N) никакого форматирования)

Ctrl + Shift + \ – набора значка ¢ (перечеркнутая буква «c»). Мп: в контрольной (Ctrl) шефа (Shift) с помощью наклонной линии (\) перечеркнуты все буквы «с» (c).

Alt + Ctrl + N – переход в обычный режим (в версии 2007 – переход в режим Черновик). Мп: альты (Alt) контролируют (Ctrl) Н*еобычный* (N) режим *Черновик*.

Shift + Enter – разрыв стоки по принуждению (мп: шифоньер (Shift) интернационально (Enter) разорвали и поместили в *строке*). При этом часть строки, которая была справа от курсора, перейдет в следующую строку, а та часть, что была слева, расширится в полную ширину строки.

Ctrl + Shift + Enter – конец колонки по принуждению.

Ctrl + Enter – конец страницы по принуждению

Ctrl + B – переход к полужирному шрифту

Ctrl + I – переход к курсивному шрифту

Ctrl + U – переход к подчеркнутому шрифту

Ctrl + *пробел* – переход к обычному шрифту, а также отменяет изменение цвета шрифта

Ctrl + *дефис из группы цифр* – вставляет короткое тире

Alt + Ctrl + *дефис из группы цифр* – вставляет длинное тире

Ctrl + *дефис из группы знаков* – мягкий перенос

Shift + Ctrl + *пробел* – пробел, не поддающийся переносу (например, если выделить три идущих друг за другом слова и затем применить сочетание Shift + Ctrl + *пробел*, то эти три слова станут неразлучными и не будут поддаваться переносу: либо все трое останутся в конце строки, либо все трое перескачут на начало новой строки; вот это дружба так дружба). Мп: шеф (Shift) контролирует (Ctrl) пробелы (клавиша пробела), чтобы они не поддавались переносу.

Ctrl + Z, а также левый Alt + Backspace – отмена

Ctrl + Backspace – удаление слова за словом справа налево

Ctrl + Delete – удаление слова за словом слева направо

Ctrl + Y, а также F4, а также Alt + Shift + Backspace – отмена отмены

Ctrl + F12, а также Ctrl + O – открытие документа

Shift + F12 – сохранить

F12 – сохранить как…

F5 – найти и заменить (мп: *найти и заменить* пятую (5) функцию (F))

Shift + F5 – возвращаемся к трем областям последнего редактирования

Ctrl + стрелка права – переносит курсор в конец слова

Ctrl + стрелка влево – переносит курсор в начало слова

Ctrl + стрелка вверх – переносит курсор в начало предыдущего абзаца

Ctrl + стрелка влево – переносит курсор в начало следующего абзаца

Ctrl + End – переносит курсор в конец текста

Ctrl + Home – переносит курсор в начало текста

Shift + стрелка вправо/влево – выделение текста по буквам слева направо/справа налево

Shift + стрелка вверх/вниз – выделение текста по строкам снизу вверх/сверху вниз

Ctrl + Shift + End – выделение от курсора до конца текста

Ctrl + Shift + Home – выделение от курсора до начала текста

Shift + Home – выделение от курсора до начала строки

Shift + End – выделение от курсора до конца строки

Ctrl + A, а также Ctrl + 5 из группы цифр – выделение всего текста

Shift + Ctrl + стрелка вниз/вверх – выделение от курсора до конца/начала абзаца

Ctrl + Shift + стрелка влево/вправо – выделение одного слова слева/справа

Ctrl + Shift + F8 – выделение колонки (при этом индикатор ВДЛ меняется на КОЛ). В этом режиме выделение идет в виде прямоугольника, одна вершина которого в месте где текстовой курсор, а противоположная вершина там, где мышиный курсор. Если мы продолжаем таскать мышиный курсор (держа нажатой левую кнопку мыши), то прямоугольник выделения расширяется, после чего, если он расширился до нужных нам размеров, мы отпускаем левую кнопку мыши. Затем выделенный прямоугольник можно скопировать и куда-нибудь вставить.

Ctrl + V, а также Shift + Ins – вставить (мп: *вставить* в контрольную (Ctrl) галочку (V) или *вставить* в шифоньер (Shift) инструменты (Ins)).

Ctrl + X, а также Shift + Delete – вырезать (мп: *вырезать*контрольную (Ctrl) крест накрест (X))

Ctrl + Shift + F – выбор размера шрифта (мп: контролировать (Ctrl) *размер*шрифта (Shift) Фирменного (F))

Ctrl + C, а также Ctrl + Ins – копируем выделенный фрагмент (мп: *копируем*контрольную (Ctrl) Слово (C) в слово, а также *копируем*контрольную (Ctrl) с инструментами (Ins))

Shift + F3 – замена регистра букв (мп: меняем местами в шифоньере (Shift) три (3) Фигуры (F))

Ctrl + F, а также Shift +F4, а также Ctrl + H – найти и заменить (мп: *находим и заменяем* в контрольной (Ctrl) Формулу (F), а в шифоньере (Shift) – четыре формулы (F4))

Ctrl + Shift + F – выбор шрифта (мп: *выбираем*шрифт (Shift) Фирменный (F)). В Word 2007 это сочетание открывает диалоговое окно *Шрифт*, где можно менять и шрифт, и его размер и т.д.

Ctrl + Shift + S – выбор стиля (мп: контрольная (Ctrl) шефа (Shift) – Стильная (S), просто Super)

Ctrl +D – открывает окошечко Шрифт (мп: контрольную (Ctrl) Дома (D) написать красивым *шрифтом*)

Alt + 5 из группы цифр – выделяет таблицу (мп: *выделить* всю *таблицу* с пятью (5) альтами)

Ctrl + Shift + N – отмена абзацного оформления (после чего данный абзац потеряет все те качества, которые явились результатом наших регулировок)

Ctrl + *ноль из группы цифр* – отступ слева перемещается вправо

Shift + F10 – вызов контекстного меню (если нет клавиши контекстного меню). Мп: шеф(Shift) Фирмы (F) попал в десятку (10), когда вызвал *контекстное меню*.

F7 – исправление ошибок (мп: формально семь (7) раз проверь, чтобы не было ошибок)

Ctrl + P – печать (мп: контролируем (Ctrl) Печать (P))

Пятикратное нажатие на Shift – включает режим залипания клавиш (мп: пятикратно (5) шеф включал *режим залипания*). При этом режиме мы не удерживаем клавишу, но отпускаем ее и жмем на следующую клавишу сочетания, а если есть еще и третья клавиша в сочетании, то отпускаем и вторую, затем жмем на третью. Мы-то отпускаем, то режим залипания делает так, что отпущенные клавши остаются включенными.

PrintScreen – вставка изображения экрана в буфер обмена

Alt + PrintScreen – вставка в буфер обмена изображения активного окна

Windows + E (русское У) – окно Мой компьютер

F6 – перемещение из одной зоны окна (например, проводника Мой компьютер) в другую (нечто подобное делает и Tab). При нажатии на F6 мой мышиный курсор в области текста сразу же превращается в мышиную стрелку.

Windows + Ь (английское M) – свернуть все окна

Windows + Shift + Ь – развернуть все окна. К этим сочетаниям с клавишей Windows мы еще вернемся.

Ctrl + K – добавление гиперссылки (меню Вставка – Гиперссылка). Чтобы открыть добавленную гиперссылку, нужно подвести курсор в область между фигурными скобками deutch.docи нажать правую мышиную кнопку, после чего из открывшегося меню выбрать *Открыть гиперссылку*. И откроется документ, на который ссылается данная гиперссылка. Если же в меню (после правого мышиного клика) выбрать *Выделить гиперссылку*, то вместо фигурных скобок появится подчеркнутое слово deutch.doc, набранное нами (или автоматически появившееся) в окошке гиперссылки. И если подвести курсор к этому слову и нажать на Ctrl, то все будет как в Интернете (вместо стрелки – кисть руки): останется только сделать левый мышиный клик и гиперссылка откроется.

Alt + Shift + Ч – открытие диалогового окна *Определение элемента*

Ctrl + Y (а также F4) – отмена отмены

Ctrl + H, а также Ctrl + F – диалоговое окно Найти и заменить (мп: контрольную (Ctrl) *Найти* (английское H) и *заменить*)

Shift + F1 – справка «Что это такое»

Alt + F11 – переходвокно Visual Basic for Applications

Alt + Shift + F11 – переходв Microsoft Script Editor

Alt + F8 – окошечко Макрос

Ctrl + F2, а также Ctrl + Alt + I предварительный просмотр (мп: контрольная (Ctrl) альтернативно (Alt) и Идеально (I) *просмотрена*)

Ctrl + M – увеличить левый отступ (мп: контролировать (Ctrl) Можно (английское M) и *левый отступ*)

Ctrl + Shift + M – уменьшить левый отступ (мп: но когда в дело вмешивается шеф (Shift), то происходит обратно: отступы уменьшаются)

Ctrl + T – увеличить отрицательный отступ (то же мы делаем мышью, когда перетаскиваем нижний выступ на горизонтальной линейке, при этом отступ первой строки (маленький верхний треугольничек на линейке, то есть отступ первой строки) остается на месте.

Ctrl + Shift + T – уменьшить отрицательный отступ (обратное увеличению отрицательного отступа)

Ctrl + Shift + G – статистика (мп: в контрольной (Ctrl) шефа (Shift) Главное (G) – *статистика*)

Shift + F5, а также Ctrl + Alt + Z - возвращение к трем областям последнего редактирования (но сочетание Ctrl + Alt + Z я установил для вызова окошечка звукозаписи, которое найдем, если совершим такое путешествие: Пуск – Все программы – Стандартные – Развлечения – Звукозапись)

Ctrl + Shift + F5 – вызов окошка Закладка (в контрольной (Ctrl) шефа (Shift) обнаружена Фирменная (F) отличная (5) *закладка*)

Shift + Ctrl + End – выделение текста от курсора до конца

Ctrl + F3 – вырезание и вставка в копилку выделенного фрагмента

Ctrl + Shift + F3 – вставка содержимого копилки туда, где находится курсор

Ctrl + Alt + P – переход документа в режим Разметки страницы

Ctrl + Alt + O – переход документа в режим Структура

Ctrl + Alt + N – переход документа в Обычный режим (в Word 2007 – переход в режим Черновик)

Alt + Ч – переход документа в режим Чтения. При этом пробел должен быть не в словах и не между слов, а между строк; в противном случае сочетание Alt + Ч (оно же: Alt + X) даст нам либо код слова (если курсор справа от слова), либо код пробела (если курсор справа от пробела).

Alt + З – выход из режима Чтения.

Ctrl + Alt + 1 – переход выделенного фрагменты в уровень заголовка 1 (мп: контролировать (Ctrl) альтернативный (Alt) заголовок первого (1) уровня)

Ctrl + Alt + 2 – заголовок 2 (мп: контролировать (Ctrl) альтернативный (Alt) заголовок второго (2) уровня)

Ctrl + Alt + 3 – заголовок 3 (мп: контролировать (Ctrl) альтернативный (Alt) заголовок третьего (3) уровня)

Alt + Shift + стрелка вверх/вниз – перемещение выделенного фрагмента по тексту вверх/вниз (это замена перетаскиванию с помощью мыши)

Ctrl + Shift + * - отображение непечатаемых символов (то же самое делает нажатие пиктограммы ¶, похожей на букву «П», при этом на экране мы увидим и то, что печатали в режиме скрытого текста; мп: контролировать (Ctrl) на шифоньере (Shift) звездочку (*) невидимую)

Ctrl + Enter - начало новой страницы в месте, где курсор (меню Вставка – Разрыв – Новую страницу)

Shift + Enter – разрыв строки (мп: шеф (Shift) интересно (Enter) *разрывает строки*)

Ctrl + Shift + Enter – разрыв колонки (мп: контролирует (Ctrl) шеф (Shift) интересно также *разрыв колонки*)

Alt + *пробел* – открывается меню, связанное закрытием (а также с восстановлением, перемещением, свертываинем/развертыванием) окна.

Ctrl + Alt + D – вставка концевой сноски[i]. При этом на панели инструментов, (*Стиль*), появляется *«Текст концевой сноски»*. А над словом, где был курсор, появляется маленькая буковка (у меня – i). А чуть ниже под текстом (в конце) – черта, под которой мы можем дать некоторые объяснения, связанные с тем словом, надо которым появилась буковка i. Словом, если мы хотим кое-что разъяснить в связи со словом или выражением, то ставим курсор в конец этого слова или выражения и жмем на Ctrl + Alt + D, затем ставим курсор под появившуюся ниже горизонтальную черту и набираем текст (он гораздо меньшего шрифта), дающий пояснения.

Ctrl + Alt + M – вставка примечания в текст

Ctrl + Alt + F – вставка сноски

Alt + Shift + O – вставка выделенного фрагмента в оглавление

Alt + Shift + X – вставка выделенного фрагмента в указатель

Ctrl + Alt + *дефис из группыцифр* – длинное тире

Ctrl + Shift + *пробел*– не разрывающийся пробел

Ctrl + Alt + V – вставка элемента автотекста

Alt + Shift + D – вставка поля даты (в 2003 – меню *Вставка*, команда *Поле*, а в 2007 – вкладка *Ссылки*, кнопка *Дата и время*). Сейчас я нажму это сочетание и получится: 12.01.2014

Alt + Shift + T – вставка поля времени (там же, где дата). Это сочетание вставит в место курсора текущее время. Вот я сейчас применю и у меня получится: 11:29

Ctrl + K – добавление гиперссылки (мп: в контрольной работе обнаружена *гиперссылка*)

Alt + Shift + C – номер текущей страницы85 (Вставка – Поле в Word 2003). Это сочетание вставляет в место курсор номер текущей страницы (мп: дальтоник в шрифт (Shift) страницы (C) *номервставил*)

Shift + F3 – изменение регистра букв (три варранта: все буквы маленькие; все первые буквы Заглавные; все буквы ЗАГЛАВНЫЕ). Выделяем фрагмент и жмем на Shift + F3 один, два, три раза, переключаясь от одного регистра к другому.

А теперь – сочетания из мнемонической серии «контрольная шефа» (выражение «контрольная шефа» означает контрольную работу шефа напоминает сочетание Ctrl + Shift).

Ctrl + Shift + A – все буквы ЗАГЛАВНЫЕ (Ctrl + *пробел* отменяет это дело) (мп: в контрольной шефа все буквы *заглавные* и начинаются с «A»)

Ctrl + Shift + K – МАЛЕНЬКИЕ ЗАГЛАВНЫЕ БУКВЫ (отмена данного режима – с помощью Ctrl + *пробел*) (мп: хотя в контрольной (Ctrl) шефа (Shift) есть и карликовые (K) заглавные буквы)

Ctrl + Shift + B или Ctrl + B – полужирный шрифт (мп: да, но в контрольной (Ctrl) шефа (Shift) есть и больно (английское B) жирные буквы)

Ctrl + Shift + I или Ctrl + I – *курсивный шрифт* (впрочем, в контрольной (Ctrl) шефа (Shift) есть и итальянские (I) и чуточку наклоненные (как пизанская башня) буквы)

Ctrl + Shift + U – подчеркнутый шрифт (мп: у-у-у, сколько *подчеркиваний* в контрольной шефа (Shift), ужас (U)

Ctrl + U – подчеркнутый шрифт (мп: контролировать (Ctrl) ужасные (U) *подчеркивания*)

Ctrl + Shift + D – двойное подчеркивание (мп: в контрольной (Ctrl) шефа (Shift) есть – двойные (D) подчеркивания)

Ctrl + Shift + W – подчеркивание слов (но не пробелов) (мп: в контрольной (Ctrl) шефа (Shift) есть подчеркивания word (W), то есть только слов)

Ctrl + Shift + = – $^{\text{верхний индекс}}$ (отмена с помощью Ctrl + *пробел*) (мп: контрольная (Ctrl) шефа (Shift) сравнялась (=) с вершиной)

Ctrl + = – нижний индекс (отмена с помощью Ctrl + *пробел*, то есть жмем на Ctrl + *пробел* и дальнейший набор пойдет в обычном режиме) (контролировать (Ctrl) равенство (=) нижних слов)

Ctrl + Shift + H – скрытый текст (выделенный фрагмент скроется от нашего взора; если же ничего не выделять, но после данного сочетания продолжать набор, то курсор будет стоять на своем месте как вкопанный, а набор будет невидимым, подпольным; отмена с помощью Ctrl + *пробел*). Сочетание Ctrl + Shift + * (или нажатие на пиктограмму ¶ раскроет все карты и мы увидим, то что было скрыто и то, что набирали в скрытом режиме. Если же при нажатой пиктограмме ¶ применить сочетание Ctrl + Shift + H, то скрытый текст будет виден, но выделен нижним пунктирным подчеркиванием, также набор будет выделяться пунктиром. Мп: контрольная. Мп: контрольной (Ctrl) шефа (Shift) скрыта (Hide по-английски).

Ctrl + Shift + P – выбор размера шрифта, после чего стрелками (вверх/вниз) можно выбрать нужный шрифт (а также набрать вручную), нажать на Enter и выделенный фрагмент будет обладать выбранным размером шрифта. Если же ничего не выделять, то после установки шрифта набранные буквы будут иметь новый установленный шрифт (с того места, где курсор). Мп: в контрольной (Ctrl) шефа (Shift) периодически (английское P) меняется шрифт.

И еще сочетания с Shift (некоторые повторяются)

Shift+F2 - копирование текста

Shift+F3 - изменение регистра букв (мп: в регистре поменяли шифер фабричный три раза (3))

Shift+F4 - повтор последнего действия Найти или Перейти

Shift+F5 - переход к последнему изменению

Shift+F6 - переход к предыдущей области окна или рамке

Shift+F7 - выбор команды Тезаурус (меню Сервис, подменю Язык)

Shift+F8 - уменьшение выделения

Shift+F9 - переключение между режимами отображения кодов и значений полей

Shift+F10 - вывод контекстного меню (есть также специальная клавиша для контекстного меню)

Shift+F11 - переход к предыдущему полю

Shift+F12 - выбор команды *Сохранить* (меню *Файл* в Word 2003 и меню кнопки Office в Word 2007; мп: сохранить шифер (Shift) фабричный (F) 12-миллиметровый)

Ctrl + Shift + Q – включение шрифта Symbol (меню Вставка – Символ). Я использовал это сочетание, чтобы вставить число π, когда говорил о пиктограмме ¶, похожей на π. Однако потом компьютер стал барахлить и все мои π (набранные с помощью шрифта Symbol) стали превращаться в квадратики. Так что мне пришлось вставить число π через меню Вставка – Символ. Кстати, у этих двух π (через шрифт Symbol и через меню Вставка – Символ) разные коды. У первого π – код F070, у второго 03C0. Вот я только что поставил курсор в конец этих 03C0, затем применил сочетание Alt + X и вместо 03C0 появилось π. Затем применил сочетание Alt + X к F070 и появился квадратик (так как у меня в этот момент был включен шрифт Times New Roman.

Alt + X – переключение между символом и его кодом. Например, знак доллара ($) имеет код 0024, так что если набрать 0024, а затем нажать на Alt + X, то вместо кода появится знак доллара. А как я узнал код доллара? Набрал из группы знаков знак доллара и применил сочетание Alt + X, после чего вместо знака появился его код 0024. А теперь я посмотрю, какой код у буквы «Е»: я наберу «Е» и применю сочетание Alt + X. Ну вот, узнал, что код заглавной буквы «Е» 0415, а маленькой «е» 0435.

Alt + Shift + *5 из группы цифр* – возвращение к обычному стилю (то есть к тем установкам стиля, с которыми открывается вордовское окно, без нашего вмешательства)

Ctrl + Shift + L – применение к абзацу с курсором (или к выделенному фрагменту) стиля *Маркированный список* (с помощью CtrlZ можно вернуть абзац к прежнему стилю)

Ctrl + 1 – одинарный междустрочный интервал (мп: контролировать (Ctrl) одинарный (1) интервал)

Ctrl + 2 – двойной междустрочный интервал (мп: контролировать (Ctrl) двойной (2) интервал)

Ctrl + 5 – полуторный междустрочный интервал (для этих интервалов есть также пиктограмма; обычно она чуть правее от центра на панели инструментов, на нижней линии, в версии 2003, а в 2007 версии интервалы – во вкладке *Главная*, в разделе *Абзац*). Мп: в контрольной (Ctrl) отличника (5) – полуторный интервал.

Ctrl + L – выравнивание абзаца (или всего выделенного фрагмента) по левому краю (мп: контролировать (Ctrl) текст по Левому (L) краю)

Ctrl + E – выравнивание абзаца по центру (мп: контролировать (Ctrl) текст по цЕнтру)

Ctrl + R – выравнивание абзаца по правому краю (мп: контролировать (Ctrl) текст по правому (Right по-английски) краю)

Ctrl + J – выравнивание абзаца по ширине (мп: контролировать (Ctrl) текст по ж(J)ирине)

Ctrl + Shift + J – распределенный абзац (мп: в контрольной (Ctrl) шефа (Shift) последняя строка абзаца – той же ш(j)ирины, что и остальные строки). Это сочетание распределяет абзац так, чтобы и последняя строка данного абзаца была такой же длины, как и остальные строки. Разумеется, при этом увеличатся интервалы между буквами, и чем короче последняя строка абзаца, тем больше будут эти интервалы. Отменить и вернуться к старому образу жизни можно с помощью Ctrl + Z.

Ctrl + 0 из группы знаков – увеличивает интервалы между выделенными абзацами (повторное нажатие отменяет эти интервалы). Мп: Контролировать (Ctrl) и *увеличивать*нулевые (0) интервалы между абзацами.

Ctrl + Alt + K – автоматическое форматирование без входа в меню (но у меня данное сочетание установлено для вызова Калькулятора, поэтому и не действует в названном смысле. Но если я отменю такой вызов Калькулятора, то сочетание начнет действовать.

Alt + F7 – проверка правописания «вручную» с помощью перехода от одной ошибки к другой при очередном нажатии на Alt + F7. Итак, нажали на Alt + F7 – и перед нам первое в тексте слово с ошибкой (либо настоящей ошибкой, либо ошибкой по мнению Word). Затем еще раз нажали на Alt + F7 – и перед нам следующее слово с ошибкой и т.д. до конца.

Alt + F8 – окошко Макрос (мп: пробежать по асфальту (Alt) фигурной (F) восьмеркой (8) малый кросс)

Shift + F7 – Тезаурус (с его помощью подбираем синонимы, антонимы и т.п.)

Ctrl + Shift + E – запись исправлений (мп: в контрольной (Ctrl) шефа (Shift) Есть (E) записи исправлений). Именно после обработки в режиме записи исправлений мне присылают мои рукописи, чтобы я принял/отклонил исправления. Итак, сочетание Ctrl + Shift + E позволяет отображать все исправления (вставки, удаления и т.д.). При этом зажигается индикатор ИСПР в встроке состояния в 2003 версии, а в 2007 появляется «Исправления: Вкл» вместо «Исправления: Выкл». Повторное применение данного сочетания выключает режим исправлений.

Alt + F10 – свернуть в окно (это все равно, что нажать на два квадратика между минусом и крестиком (в правом верхнем углу окна)

Alt + F5 – развернуть, восстановить уменьшенное окно (все равно что нажать на один квадратик между минусом и крестиком в верхнем правом углу окна)

Windows + Ь – свернуть все окна

Windows + Shift + Ь – развернуть все окна (мп: в программе Windows (клавиша Windows) шеф (Shift) мягко (Ь) развернул все окна)

Ctrl + Alt + S – разделение окна на панели (в 2003: меню Окно – Разделить; в 2007: вкладка *Вид*, раздел *Окно*, кнопка *Разделить*), после чего перед нами – два окна, с двумя полосами прокрутки и с отдельными линейками для каждой из двух областей (мп: контрольные (Ctrl) альты (Alt) в каждом из *раздвоившихся* окон – свои (S)). Можно отдельно листать первый и второй фрагменты. И не только листать, но и редактировать и т.п. Это удобно, если хотим работать сразу с двумя разными фрагментами в тексте (надо только перевести курсор в нужную половину). А если еще и при этом включить режим Во весь экран, то вообще красота получается. Выключить данное раздвоение можно повторным нажатием на Ctrl + Alt + S. В общем, такое вот компьютерное раздвоение личности. Ну вот, я вышел из этого режима, но оказался в начале рукописи. Не беда, ведь можно применить сочетание Ctrl + End и оказаться в конце текста.

Ctrl + F6, а также Alt + F6 – переход из одного открытого документа в следующий. При этом, если один из документов свернут, то при нажатии на Ctrl + F6 он появится у уменьшенном (свернутом в окно) виде.

Ctrl + Shift + F6, также Alt + Shift + F6 – переход к предыдущему документу (в общем, то же, что предыдущая команда, но в обратном направлении).

И еще несколько сочетаний, связанных с клавишей с эмблемой Windows (будем называть ее просто Windows). Буквы на этот раз русские (в скобках – соответствующие английские на той же клавише).

Windows + Tab – активирует следующую клавишу на панели задач

Windows + Д (L) – быстрая смена пользователя (мп: в Windows (клавиша Windows) Довольно быстро и деликатно можно сменить пользователя)

Windows + У (E) – открывает проводник *Мой компьютер* (мп: WindowsУмело открывает окно Мой компьютер)

Windows + Ь (M) – сворачивает все окна (мп: Windows*мягко* (Ь) *сворачиваетокна*)

Shift + Windows + Ь (M) – отменяет сворачивание окон (шеф (Shift) в Windows мягко (Ь) развернул все окна)

Windows + А (F) – открывает окно поиска (меню Пуск – Поиск). Мп: Windows*ищет* и говорит «Ау».

Windows + К (R) – появляется диалоговое окно *Запуск программы*

Windows + F1 – открывает окно справочной системы.

Ну, все, хватит, пора выключать компьютер и – на заслуженный отдых. Кстати, я тут подумал: можно ли получить пользу от выключения компьютера? Всю жизнь я вырубал его без пользы, но теперь у меня родился коварный план: возьму и расскажу о том как я это делаю (заодно текст станет больше, а это уже польза, так как и гонорар – станет больше).

Как выключить компьютер без мыши

Ну все, хватит уже! Сколько можно! Вырубаем комп.

Чтобы выключить компьютер, нам понадобится меню Пуск. Но есть вариант и без Пуска. Рассмотрим оба варианта. Но сразу скажу, что если мы открыли меню пуск мышью, то в нем не будет подчеркнутых букв. Если же мы открыли меню пуск клавишами (клавиша Пуска или же Ctrl + Esc), то в открывшемся меню многие команды будут иметь подчеркнутые буквы.

Клавишу Пуск… Точнее, меню Пуск открываем с помощью мыши: наводим мышиную стрелку на кнопку Пуск и жмем левой мышиной клавишей (кнопкой). В открывшемся меню выбираем *Выключение*, после чего открываются четыре варианта: Ждущий режим, Выключение, Перезагрузка, Отмена. Если хотим выключить, наводим стрелку мыши на Выключение и жмем левой кнопкой. Если передумали, жмем на Отмену. Также делаем перезагрузку и вводим компьютер в ждущий режим. Да, ну а как все это делать без мыши? Как выключить компьютер без мыши? А вот как. Жмем на клавишу Пуск с помощью клавиши с эмблемой Windows. В открывшемся пусковом меню подводим выделение (с помощью стрелок) к Выключению (на этот раз, в отличие от мышиного открытия меню Пуск, в Выключении есть подчеркнутая буква) и жмем на Enter, после чего снова открываются четыре варианта. Но есть и другой вариант, без стрелок. Обратите внимание: в слове Выключен… подчеркнута буква «ю» (напомню, что с подчеркнутыми буквами меню Пуск открывается только в случае клавишного открытия). А это значит, что можем применить сочетание Shift + «ю». Это все равно, что нажать на Выключение (с помощью мыши). И снова перед нами четыре варианта (Ждущий режим, Выключение, Перезагрузка, Отмена). В трех из вариантов (Ждущий режим, Выключение (не путать с Выключен.. из меню Пуск), Перезагрузка) есть подчеркнутые буквы (потому что мы открыли все это с помощью клавиш, а если бы отрыли с помощью мыши, то никаких подчеркнутых букв не было бы). Это значит, что для их нажатия можно воспользоваться не только мышкой или клавишей Tab, но и сочетанием Shift + подчеркнутая буква.

Итак, один из алгоритмов выключения такой: Ctrl + Esc (или клавиша Пуска), затем Shift + Ю (выбор Выключен из меню Пуск…), затем Shift + Ж или Alt + Ж (Ждущий режим), или Shift + Ы (или Alt + Ы) для Выключения, или же Shift + П (то же самое – Alt + П) для Перезагрузки.

Другой способ – с помощью клавиши Tab, которая переносит выделение в нужное место, после чего жмем на Enter. Таким образом мы с помощью Tab подводим выделение к Выключению и жмем на Enter. Но я подвел выделение к Отмене и нажал на Enter, так как мне еще надо работать. Как только я выбрал Отмену, экран вернулся к жизни и снова стал цветным (при появлении этих четырех вариантов начинается бесцветная жизнь: буквально за пару секунд все цвета пропадают и экран становится черно-белым, но если нажать на Отмену, то все становится прежним, цветным).

Еще способ выключить компьютер – с помощью сочетания Alt + F4. Мы знаем, что это сочетание закрывает окно. Да, но если все окна закрыты (или свернуты: сочетание Windows + Ь сразу свернет все окна), то данное сочетание не бездельничает: оно занимается вызовом тех самых четырех вариантов (Ждущий режим, Выключение…). Выбираем нужный вариант и жмем на Enter или же делаем левый мышиный клик или применяем сочетание Shift + подчеркнутая буква в нужном варианте. Кстати, как только мы нажимаем на Shift, так сразу вместо *Ждущего режима* читаем *Спящий режим*. Таким образом, если хотим, чтобы компьютер уснул, то применяем сочетание Shift + С, а для ждущего режима – сочетание Shift + Ж.

Итак, если все окна закрыты или свернуты то "антимышиный" короткий алгоритм выключения компьютера таков: Alt + F4, затем Alt + Ы (есть нечто общее с операцией «Ы»).

Ну, я уже не говорю о таком способе, как нажатие на кнопку Power на клавиатуре. Но такая кнопка есть не на всех клавах.

Ну все, я пошел докрашивать балкон. О, мой балкон стал таким красивым! Многое в квартире я уже привел в порядок (поштукатурил, покрасил и т.п). Через две недели приедет Она; надо встретить как полагается. А с дорогим Читателем пора прощаться. До свидания и до новых встреч на страницах моих книг и в других не менее прекрасных местах.

Удачи. Всего наилучшего.

Искренне Ваш, Г. Авшарян

P.S. Я только что сделал еще одно открытие. Оказывается, если выделить фрагмент (в MicrosoftWord, где я собственно и пишу эту книжку), набранный в режиме выравнивания по правому краю (Ctrl + R), затем скопировать (Ctrl + Ins) его и вставить (Shift + Ins) в какой-нибудь абзац, то весь абзац перейдет в формат выравнивания по правому краю. Это я узнал, когда вставил «*Искренне Ваш, Г. Авшарян*» в предыдущий абзац, который сразу же принял формат вставленного текста. Потом я все вернул на круги свои, но зато появилось новое знание и я тут же поделился с дорогим Читателем. Ну, все, мне пора.

---

[i] Да, это как раз то, что касается концевой сноски (Ctrl + Alt + D). Что ж, пора уходить. Ну, так и быть: я попрощаюсь с Читателем и в этой концевой сноске. До новых встреч, дорогой Читатель.